KB142989

가을꽃

생태 사진작가 문순화
동북아식물연구소장 현진오

교학사

책을 펴내며

'아름다운 우리 꽃' 시리즈를 낸 후 여러 사람들로부터, 야외에 들고 다니며 볼 수 있는 도감을 내 달라는 주문을 받았으나 차일피일 출간을 미루다가 교학사 미니 가이드 시리즈로서 그 빛을 보게 되었다.

이 책에서는 외국에서 들어온 귀화 식물이나 외래 식물은 포함시키지 않았으며, 꽃이 아름다워 사람들의 관심을 끌 만한 자생 식물을 대상으로 하였다. 우리 산하에 애초부터 자라던 아름다운 꽃들에만 초점을 맞춘 것은 나의 한계임이 분명하지만, 또 어쩌면 자생 식물이 온전히 이 땅에 살아남기 위해서는 더욱 많은 이들의 관심을 불러일으켜야 한다는 속내를 드러낸 것인지도 모른다. 우리 것을 고집하는 편협한 마음이라 읽지 마시고, 우리 것을 제대로 알아야만 지킬 수 있다는 신념으로 받아들여 주시기 바란다.

이 책을 통해서 이제 막 식물에 관심을 가지기 시작한 분들이 우리 식물들과 조금씩 친해지는 재미를 느낄 수 있기를 바란다. 또, 우리 꽃에 대한 지식이 높은 분들도 식물을 다시 한 번 명확히 확인하는 기회가 된다면 나에게는 큰 보람이다.

전공자로서 최선을 다했으나, 식물 분류학에서 다루어야 하는 수많은 식물군들 모두에 대해 정통할 수는 없는 것이므로, 이 분야 전문가들의 의견을 겸허하게 받아들일 것이다. 이런 이유로 사진 한 장 한 장에 촬영 날짜와 장소를 명확하게 기록해 두었다. 그리고 이것은 이 책의 사진을 맡아 주신 문순화 선생님의 현장 기록을 보존하는 일이기도 하여 뜻이 더욱 크다고 믿는다.

불모지나 다름없던 생물종 관련 도서 출판 분야를 오랜 기간 주도해 온 교학사에 누가 되지 않는 시리즈가 되었으면 하는 바람이다.

2005년 봄 현진오

차 례

단자엽식물강 Monocotyledoneae

소생식물목 Helobiae

백합목 Liliiflorae

부 록

일러두기

1. 이 책은 우리 나라 산과 들에 저절로 자라는 풀과 나무, 즉 자생 식물 가운데 가을에 꽃이 피는 252가지를 수록했다. 쉽게 볼 수는 없지만, 우리의 귀중한 식물 자원으로서 가치가 높은 북부 지방의 자생 식물들도 포함시켰다. 하지만, 외국에서 들어온 후 토착화한 귀화 식물이나 원예 또는 식용 등의 목적으로 심어 기르는 나무와 풀은 제외했다.

2. 식물의 배열 순서는 양치 식물을 포함하여 모든 관속 식물의 진화적 유연 관계를 반영하여 배열한 엥글러의 분류 체계를 따랐다. 다만 독자들이 찾기 쉽도록 과(科) 내에서는 속(屬)과 종(種)의 배열 순서를 알파벳순으로 했다.

3. 학명은 국내외 학자들의 최신 연구 결과를 수용했다. 필자의 견해를 조심스레 밝힌 것도 있지만, 이 경우에도 신조합 등 새로운 분류학적 처리는 가급적 유보하고 국내외 학자의 기존 견해 가운데 필자의 생각과 가장 가까운 것을 채택했다.

4. 식물의 특징에 대해서는 독자들이 이해하기 쉬운 말과 문장으로 쓰려고 노력했다. 그럼에도 불구하고 아직도 어렵고 낯선 용어들에 대해서는 부록 식물 용어 해설(276~285쪽)에서 밝힘으로써 필요할 때 참고할 수 있게 했다.

5. 사진은 부득이한 몇몇 종을 제외하고는 자생지에서 식물 생태 사진 전문가에 의해 촬영된 것을 사용했다. 고도 등 환경이 다른 곳에 이식된 경우 식물은 외형, 개화기 등이 자생지에서와는 달라질 수 있다는 점을 고려했기 때문이다.

6. 사진을 촬영한 장소와 날짜를 밝힘으로써, 현재의 지식으로 바르게 동정(同定)하지 못했을 경우에 대비했다. 다른 연구자들에게 필요한 정보를 제공하는 효과도 있을 것이다. 다만, 멸종 위기에 처한 몇몇 종은 촬영 장소를 정확히 밝히지 않았다.

7. 참고난에는 식물 이름의 유래 등을 밝혀 식물을 익히는 데 도움이 되도록 했다. 그 동안 한국 특산으로 잘못 알려져 왔거나 학명에 우리 나라를 뜻하는 단어가 있어서 특산 식물로 오해할 여지가 있는 식물에 대해서는 국외 분포를 밝혔다.

1989. 9. 2. 한라산

석송 석송과

Lycopodium clavatum L.

원줄기는 땅 위에 사방으로 길게 뻗으며, 곳곳에서 흰 뿌리를 내리고, 잎이 드문드문 달린다. 가지는 옆으로 비스듬히 자라다가 몇 번 갈라진 뒤 곧추서며, 잎이 빽빽하게 달린다. 잎은 선형 또는 넓은 선형이다. 포자낭수(胞子囊穗)는 가지 끝에 3~6개가 달리며, 길이 7~10cm의 긴 대에 붙어 있다. 포자엽은 넓은 난형으로 가장자리가 투명한 막질이며, 톱니가 있다.

1 2 3 4 5 6 7 8 9 10 11 12

- 분포 / 전국
- 생육지 / 높은 산 고지대 또는 풀밭
- 출현 빈도 / 드묾
- 생활형 / 늘푸른여러해살이풀
- 개화기 / 6월 초순~9월 하순
- 결실기 / 8~10월
- 참고 / 우리 나라에 자라는 석송속 식물 중에서 줄기가 가장 길게 자란다. 제주도 중산간의 숲 가장자리 및 한라산 고지대 풀밭에서는 비교적 흔하다.

2004. 9. 27. 제주도

- 분포 / 제주도
- 생육지 / 숲 속
- 출현 빈도 / 매우 드묾
- 생활형 / 늘푸른여러해살이풀
- 개화기 / 9월 하순~11월 중순
- 결실기 / 10~12월
- 참고 / 속명(屬名) '만규아'는 우리 나라 초창기 식물학자로서 양치 식물 연구에 심혈을 기울였던 박만규 박사를 기리는 뜻에서 만들어졌다.

제주고사리삼 고사리삼과

Mankyua chejuense B. Y. Sun, M. H. Kim et C. H. Kim

뿌리줄기는 옆으로 길게 뻗는다. 줄기는 곧추서며, 높이 8~12cm이다. 잎은 뿌리줄기에서 1~2장이 나오며, 자루 끝에서 3갈래로 갈라지고, 각각은 작은잎 1~2장이 되어 전체적으로 작은잎 5~6장이 돌려난 것처럼 보인다. 생식줄기는 가을에 잎자루 끝에서 나며, 길이는 2cm 이하이다. 김문홍 교수에 의해 1996년에 처음 발견되어, 2001년에 선병윤 교수 등에 의해 한국 특산속 식물로 발표되었다.

1 2 3 4 5 6 7 8 9 10 11 12

1990. 11. 5. 제주도

파초일엽 꼬리고사리과

Asplenium antiquum Makino

뿌리줄기는 덩이를 이룬다. 잎은 홑잎이며, 여러 장이 뿌리줄기에서 모여나고, 선상 도피침형, 길이 40~120cm, 너비 7~12cm, 가장자리가 밋밋하다. 잎의 양 면은 모두 밝은 녹색이고, 아래쪽은 자줏빛이 도는 갈색이다. 포자낭군은 측맥 앞쪽에 측맥과 나란히 달린다. 포자낭은 길쭉한데, 길이의 변이가 심하다. 포막은 갈색이고, 가장자리가 밋밋하다.

1	2	3	4	5	6	7	8	9	10	11	12

- 분포 / 제주도 섶섬(삼도)
- 생육지 / 바닷가 숲 속
- 출현 빈도 / 매우 드묾
- 생활형 / 늘푸른여러해살이풀
- 개화기 / 6월 초순~10월 하순
- 결실기 / 8월~다음 해 4월
- 참고 / 제주도 삼도 자생지가 천연 기념물 18호로 지정되어 있다. 자생지에서 멸종되었기 때문에 인위적으로 복원하였다. 온실에 관상용으로 심어 기른다.

1989. 9. 9. 한라산

- 분포 / 전국
- 생육지 / 숲 속 바위 및 나무의 수피
- 출현 빈도 / 흔함
- 생활형 / 늘푸른여러해살이풀
- 개화기 / 6월 초순~9월 하순
- 결실기 / 8~10월
- 참고 / 남부 지방에 분포하는 '일엽초'에 비해서 전국의 산에서 흔하게 볼 수 있으며, 잎은 뿌리줄기에 모여 달리지 않고 드문드문 달린다.

산일엽초 고란초과

Lepisorus ussuriensis (Regel et Maack) Ching

뿌리줄기는 옆으로 뻗으며, 지름 1.5mm가량이고, 잎이 드문드문 달린다. 잎은 홑잎이며, 잎자루는 검은 갈색이다. 잎은 선상 피침형, 길이 10~30cm, 너비 0.5~1.5cm, 양 끝이 뾰족하고 가장자리가 밋밋하다. 잎 앞면은 짙은 녹색이고 점이 많으며, 뒷면은 흰빛이 도는 연한 녹색이다. 포자낭군은 잎 윗부분의 중륵 양쪽에 2줄로 달리는데, 둥글고 포막이 없다.

1	2	3	4	5	6	7	8	9	10	11	12

2000. 9. 17. 경기도

환삼덩굴 뽕나무과

Humulus scandens (Lour.) Merr.

줄기는 네모지며, 길이 2~4m이고, 밑을 향한 거친 가시가 있다. 잎은 마주나며, 손바닥 모양으로 5~7갈래로 깊게 갈라지고, 가장자리에 톱니가 있다. 꽃은 암수 딴포기로 핀다. 수꽃차례는 길이 15~25cm, 수꽃은 황록색, 꽃받침잎과 수술이 각각 5개씩 있다. 암꽃은 짧은 총상 꽃차례로 달리며, 꽃이 진 후에 포엽이 크게 자란다. 열매는 수과이다.

1	2	3	4	5	6	7	8	9	10	11	12

- 분포 / 전국
- 생육지 / 훼손된 들
- 출현 빈도 / 흔함
- 생활형 / 덩굴성 한해살이풀
- 개화기 / 7월 초순~10월 중순
- 결실기 / 9~11월
- 참고 / 도시의 공터 등에서 왕성하게 자라는 잡초로, 씨가 많이 생기고 발아도 잘 되므로 퇴치가 어렵다.

1994. 9. 8. 제주도

- 분포 / 중부 이남
- 생육지 / 산과 들
- 출현 빈도 / 흔함
- 생활형 / 여러해살이풀
- 개화기 / 7월 중순~10월 중순
- 결실기 / 9~11월
- 참고 / '개모시풀(*B. platanifolia* Franch. et Sav.)'과 닮았으나 잎 끝이 하나로 길게 뾰족하고, 잎몸이 조금 더 두꺼우므로 구분된다.

왜모시풀 쐐기풀과

Boehmeria longispica Steud.

줄기는 높이 80~100cm, 위쪽에 털이 난다. 잎은 마주나며, 난상 타원형, 길이 10~15cm, 끝이 길쭉하다. 잎 가장자리 위쪽으로 갈수록 톱니가 커지고 겹톱니로 된다. 꽃은 암수한포기로 피며, 녹색이고, 잎겨드랑이에 총상꽃차례로 달리는데, 위쪽에 암꽃, 아래쪽에 수꽃이 핀다. 수꽃은 모여 달리며, 암꽃은 화피통으로 싸여 있다. 열매는 수과이다.

1	2	3	4	5	6	7	8	9	10	11	12

1994. 9. 8. 제주도

왕모시풀 쐐기풀과

Boehmeria pannosa Nakai et Satake

줄기는 모여나며, 높이 80~120cm, 위쪽에 짧은 털이 많다. 잎은 마주나며, 난원형, 길이와 너비 10~20cm, 가장자리에 규칙적인 톱니가 있다. 잎 앞면에 짧은 털이 있고, 뒷면에는 부드러운 털이 많다. 꽃은 암수 한포기로 피고, 연한 녹색, 잎겨드랑이에 이삭 꽃차례로 달리며, 아래쪽에 수꽃차례, 위쪽에 암꽃차례가 달린다. 열매는 수과, 도란형이다.

1 2 3 4 5 6 7 8 9 10 11 12

- 분포 / 제주도 및 남부 지방
- 생육지 / 바닷가 근처
- 출현 빈도 / 흔함
- 생활형 / 여러해살이풀
- 개화기 / 7월 초순~10월 중순
- 결실기 / 9~11월
- 참고 / '왜모시풀'과 달리 주로 바닷가에 자라며, 잎이 매우 두껍고 크고 잎 가장자리에 겹톱니가 아닌 단순한 톱니가 있어 구분된다.

1995. 9. 19. 한라산

- 분포 / 제주도
- 생육지 / 습기가 많은 숲 속
- 출현 빈도 / 드묾
- 생활형 / 여러해살이풀
- 개화기 / 6월 중순~9월 하순
- 결실기 / 9~11월
- 참고 / 한해살이풀이며, 꽃이 암수 한포기로 피는 '복천물통이(*E. densiflorum* Franch. et Sav.)'와 닮았다.

멍울풀 쐐기풀과

Elatostema umbellatum Blume var. *majus* Maxim.

줄기는 비스듬히 서며, 높이 20~50cm이다. 잎은 어긋나며, 긴 타원형, 길이 5~13cm, 너비 2~4cm, 좌우 비대칭이며, 불규칙한 톱니가 양쪽에 각각 5~12개씩 있다. 잎 끝은 꼬리처럼 길다. 꽃은 암수 딴포기로 피며, 녹색이 도는 흰색이다. 수꽃은 1~2cm의 꽃대 위에 산형 꽃차례로 달리고, 암꽃은 여러 개가 잎겨드랑이에 둥글게 모여 달린다. 열매는 수과, 난형이다.

1	2	3	4	5	6	7	8	9	10	11	12

2004. 8. 22. 경상남도 가야산

애기쐐기풀 쐐기풀과

Urtica laetevirens Maxim.

줄기는 여러 대가 모여나며, 네모지고, 높이 40~100cm, 겉에 잔털과 가시털이 많다. 잎은 마주나며, 넓은 난형, 길이 5~10cm, 너비 2~5cm, 가장자리에 날카로운 톱니가 있다. 잎자루는 잎몸의 1/3 길이이다. 턱잎은 4장, 선형, 길이 6~7mm이다. 꽃은 암수 한포기로 피며, 녹색이고, 수꽃이삭은 가지 끝에 달리고 암꽃이삭은 아래쪽에 달린다. 열매는 수과, 녹색이다.

1	2	3	4	5	6	7	8	9	10	11	12

- 분포 / 전국
- 생육지 / 숲 속 또는 숲 가장자리
- 출현 빈도 / 비교적 드묾
- 생활형 / 여러해살이풀
- 개화기 / 8월 초순~10월 중순
- 결실기 / 10~11월
- 참고 / 가시털에 찔리면 쐐기에 쏘인 것처럼 따끔거리고 아프다.

2003. 9. 26. 경상남도 고성

꽃

- 분포 / 전국
- 생육지 / 산의 숲 속
- 출현 빈도 / 비교적 흔함
- 생활형 / 여러해살이풀
- 개화기 / 8월 중순~9월 하순
- 결실기 / 10~11월
- 참고 / 가시털에 찔리면 쐐기에 쏘인 것처럼 따끔거린다. 잎겨드랑이에 육아(肉芽)가 달려서, 이것으로 무성 생식을 하기도 한다.

혹쐐기풀

쐐기풀과

Laportea bulbifera (Siebold et Zucc.) Wedd.

땅 속에 작은 원추형 덩이뿌리가 있다. 줄기는 곧추서며, 높이 40~80cm, 가시털과 잔털이 있다. 잎은 어긋나며, 난상 타원형, 길이 8~15cm, 너비 4~7cm, 가장자리에 톱니가 있다. 꽃은 암수 한포기로 핀다. 수꽃차례는 길이 4~7cm의 원추 꽃차례를 이루며, 잎겨드랑이에서 나온다. 암꽃차례는 줄기 끝에서 나오고, 길이는 7~15cm이다. 열매는 수과, 찌그러진 원반 모양이다.

1	2	3	4	5	6	7	8	9	10	11	12

2003. 9. 21. 경기도 유명산

산물통이

쐐기풀과

Pilea japonica (Maxim.) Hand.-Mazz.

줄기는 가지가 갈라지며, 아래쪽은 땅에 붙어서 뿌리를 내고, 높이 10~25cm, 붉은 갈색이 돈다. 잎은 마주나며, 길이 2~6cm, 너비 1~4cm, 난형이지만 위로 가면서 모양이 달라진다. 꽃은 암수 한포기로 피며, 연한 녹색이고, 길이 1~3cm의 꽃대 끝에 수꽃과 암꽃이 섞여서 두상화처럼 핀다. 수꽃은 수술과 화피 조각이 각각 4개씩이다. 열매는 수과이다.

1	2	3	4	5	6	7	**8**	**9**	**10**	**11**	12

- 분포 / 중부 이남
- 생육지 / 산 속 응달
- 출현 빈도 / 비교적 흔함
- 생활형 / 한해살이풀
- 개화기 / 8월 중순~11월 초순
- 결실기 / 9~11월
- 참고 / 꽃대의 길이가 1~3cm로서 길고, 암꽃의 화피가 3장이 아니고 5장이므로 '모시물통이'와 구분된다.

2003. 9. 25. 지리산

- 분포 / 전국
- 생육지 / 물기가 많은 숲 가장자리
- 출현 빈도 / 흔함
- 생활형 / 한해살이풀
- 개화기 / 9월 초순~10월 중순
- 결실기 / 10~11월
- 참고 / 꽃잎처럼 보이는 3장의 화피 조각 중 훨씬 큰 하나가 꽃이 진 다음에 더욱 자라서 열매를 감싼다.

모시물통이 쐐기풀과

Pilea mongolica Wedd.

줄기는 곧추서며, 높이 30~50cm, 물기가 많고 연한 녹색이다. 잎은 마주나며, 난형, 길이 2~10cm, 너비 1~7cm, 끝이 뾰족하고, 가장자리에 톱니가 있다. 꽃은 암수 한포기로 피며, 연한 녹색, 잎겨드랑이에 밀산 꽃차례로 달리고, 길이는 1~3cm이다. 수꽃은 화피 조각과 수술이 각각 2개씩이다. 암꽃은 화피 조각이 3장이며, 길이가 서로 다르다. 열매는 수과, 난형이다.

1	2	3	4	5	6	7	8	9	10	11	12

2004. 11. 4. 제주도

참나무겨우살이 겨우살이과

Scurrula yadoriki (Siebold) Danser

가지는 많이 갈라지고, 높이 1.0~1.5m이다. 잎은 마주나거나 어긋나며, 가죽질, 넓은 타원형, 길이 3~6cm, 너비 2~4cm이다. 잎 앞면은 짙은 녹색으로 윤이 나고, 뒷면은 적갈색이다. 꽃은 잎겨드랑이에서 꽃대가 나와 2~3개씩 핀다. 화피는 긴 통형, 길이 3cm, 겉은 적갈색, 안쪽은 녹색이며, 중앙 이상이 4갈래로 갈라져서 뒤로 젖혀진다. 열매는 장과 같으며, 넓은 타원형이고, 길이 7~8mm, 노랗게 익는다.

1 2 3 4 5 6 7 8 9 10 11 12

- 분포 / 제주도
- 생육지 / 저지대 숲 속
- 출현 빈도 / 매우 드묾
- 생활형 / 반기생 늘푸른떨기나무
- 개화기 / 10월 초순~12월 초순
- 결실기 / 다음 해 2~5월
- 참고 / 구실잣밤나무, 후박나무, 동백나무 등 상록수에 기생하는 것으로 알려져 있지만, 백목련 등 낙엽수에도 기생한다.

1997. 4. 10. 백두산

- 분포 / 경상남도, 경상북도 및 북부 지방
- 생육지 / 연못이나 습지
- 출현 빈도 / 매우 드묾
- 생활형 / 여러해살이풀
- 개화기 / 7월 초순~10월 중순
- 결실기 / 10~11월
- 참고 / 물가의 땅에서 자랄 때에는 모습이 완전히 달라지는데, 줄기가 곧추서고 잎의 모양과 크기도 달라진다.

물여뀌 마디풀과

Persicaria amphibia (L.) S. F. Gray

뿌리줄기는 가지가 갈라지며, 옆으로 길게 뻗고, 마디에서 수염뿌리가 난다. 줄기는 물속에서 가지가 갈라지며, 물 깊이에 따라 길이가 다르다. 잎은 물 위에 뜨며, 긴 타원형, 길이 7~15cm, 너비 2.5~5.0cm, 밑이 얕은 심장형이다. 꽃은 잎겨드랑이에서 난 꽃대 끝에 길이 3~4cm의 이삭 꽃차례로 달리며, 분홍색 또는 흰색이다. 열매는 수과이다.

1	2	3	4	5	6	7	8	9	10	11	12

꽃

2000. 9. 24. 강원도 영월

가시여뀌 마디풀과

Persicaria dissitiflora (Hemsl.) H. Gross

줄기는 가지가 갈라지고, 위쪽에 붉은 샘털이 나며, 높이 100cm 가량이다. 잎은 어긋나며, 삼각상 창 모양, 길이 8~16cm, 너비 3~8cm, 끝은 뾰족하고, 밑은 심장형이다. 잎 뒷면 맥 위에 가시 같은 털이 난다. 꽃은 줄기 위쪽 잎겨드랑이와 가지 끝에 원추 꽃차례로 드문드문 달리며, 분홍색이다. 화피는 5갈래로 갈라지고, 길이 4~5mm이다. 열매는 수과, 세모진 둥근 모양이다.

1	2	3	4	5	6	7	8	9	10	11	12

- 분포 / 제주도를 제외한 전국
- 생육지 / 숲 속
- 출현 빈도 / 흔함
- 생활형 / 여러해살이풀
- 개화기 / 7월 하순~9월 하순
- 결실기 / 9~11월
- 참고 / 조금 습한 곳에 자라며, 줄기 위쪽과 꽃차례에 샘털이 나서 붉은빛을 띠므로 비슷한 종과 쉽게 구분된다.

1997. 9. 3. 전라남도 백암산

- 분포 / 전국
- 생육지 / 숲 가장자리
- 출현 빈도 / 비교적 흔함
- 생활형 / 여러해살이풀
- 개화기 / 7월 중순~9월 하순
- 결실기 / 8~10월
- 참고 / 꽃이나 열매가 이삭 모양으로 달렸다 하여 이 같은 이름이 붙여졌다. 열매가 익을 때까지 갈고리처럼 휘어진 암술대가 남아 있다.

이삭여뀌 마디풀과

Persicaria filiformis (Thunb.) Nakai

전체에 길고 거친 털이 많다. 뿌리줄기는 짧고 단단하다. 줄기는 곧추서며, 높이 50~80cm이다. 잎은 어긋나며, 넓은 타원형, 길이 7~15cm, 너비 4~9cm, 끝이 짧게 뾰족하다. 턱잎은 가장자리에 짧은 털이 있다. 꽃은 줄기 끝에 이삭 꽃차례로 달리며, 붉은색 또는 드물게 흰색이다. 꽃차례는 길이 20~40cm이다. 화피는 4갈래로 갈라지고, 길이 2~3mm이다. 열매는 수과, 암술대가 남아 있다.

1	2	3	4	5	6	7	8	9	10	11	12

2004. 9. 9. 강원도 양양

긴미꾸리낚시

마디풀과

Persicaria hastato-sagittata (Makino) Nakai

줄기는 아래쪽이 땅 위를 기고 위쪽만 곧추서며, 높이 30~80cm, 갈고리 같은 짧은 가시가 드물게 난다. 잎은 피침형, 길이 3~10cm, 너비 0.4~1.5cm, 가장자리가 까칠까칠하다. 잎 밑은 화살촉 모양이고, 갈래의 끝이 뾰족하다. 잎자루는 길이 1.0~2.5cm이다. 꽃은 2~3갈래로 갈라진 꽃차례 끝에 두상 꽃차례처럼 피며, 연한 분홍색이다. 꽃대는 잔털, 샘털, 가시가 있다. 열매는 수과이다.

1	2	3	4	5	6	7	8	9	10	11	12

- 분포 / 전국
- 생육지 / 물가 습지
- 출현 빈도 / 비교적 드묾
- 생활형 / 한해살이풀
- 개화기 / 8월 하순~10월 하순
- 결실기 / 9~11월
- 참고 / '미꾸리낚시'에 비해서 잎이 더 좁고, 줄기에 가시가 덜 발달하므로 구분된다.

2003. 10. 5. 강원도 영월

- 분포 / 전국
- 생육지 / 밭이나 길가
- 출현 빈도 / 흔함
- 생활형 / 한해살이풀
- 개화기 / 6월 중순~10월 중순
- 결실기 / 8~10월
- 참고 / 말레이시아, 일본, 타이완, 중국 등 아시아에 널리 분포하는 잡초이다.

개여뀌 마디풀과

Persicaria longiseta (Bruyn) Kitag.

줄기는 아래쪽이 비스듬히 서며, 가지가 많이 갈라지고, 높이 20~50cm, 붉은빛을 띤다. 잎은 어긋나며, 넓은 피침형, 길이 3~8cm, 너비 1~2cm, 가장자리가 밋밋하다. 턱잎은 엽초 모양이고, 끝에 털이 난다. 꽃은 이삭 꽃차례처럼 보이는 총상 꽃차례에 밀착하여 달리며, 붉은색 또는 흰색이다. 화피는 5갈래로 깊게 갈라지고, 길이 1.5~2.0mm이다. 열매는 수과, 검게 익는다.

1	2	3	4	5	6	7	8	9	10	11	12

꽃

2003. 9. 6. 한라산

산여뀌

마디풀과

Persicaria nepalensis (Meisn.) H. Gross

줄기는 가지가 갈라지며, 아래쪽이 땅 위에 눕고, 높이 10~50cm, 붉은색이 돈다. 잎은 어긋나며, 난상 삼각형, 길이 1~9cm, 너비 1~3cm, 끝이 뾰족하고, 밑이 날개처럼 된다. 잎자루는 밑부분이 줄기를 감싼다. 턱잎은 엽초 모양이고 막질이다. 꽃은 잎겨드랑이와 줄기 끝에 총상 꽃차례로 피며, 붉은빛이 도는 흰색이다. 화피는 통 모양이며, 4갈래로 갈라지고, 길이 2~3mm이다. 열매는 수과이다.

1	2	3	4	5	6	7	8	9	10	11	12

- 분포 / 전국
- 생육지 / 산과 들
- 출현 빈도 / 비교적 흔함
- 생활형 / 한해살이풀
- 개화기 / 7월 초순~10월 하순
- 결실기 / 9~11월
- 참고 / 꽃은 총상 꽃차례로 달리지만 밀집하여 둥글게 달리므로 두상 꽃차례처럼 보인다.

1997. 9. 17. 서울 올림픽 공원

열매

며느리배꼽 마디풀과

Persicaria perfoliata (L.) H. Gross

줄기는 덩굴지거나 다른 물체에 기어오른다. 잎은 어긋나며, 삼각형, 길이 2~5cm, 끝이 뾰족하고, 밑은 심장형이다. 잎 앞면은 녹색이고 털이 없다. 잎자루는 잎 뒷면의 중앙 아래쪽에 붙는다. 턱잎은 둥근 모양이며, 줄기를 방패 모양으로 감싼다. 꽃은 가지 위쪽의 잎겨드랑이에 둥근 이삭 꽃차례로 5~20개씩 달리며, 흰빛이 도는 녹색 또는 분홍색이다. 화피는 5갈래로 갈라지며, 길이 3~4mm이다. 열매는 삭과이다.

- 분포 / 전국
- 생육지 / 산과 들
- 출현 빈도 / 흔함
- 생활형 / 한해살이풀
- 개화기 / 7월 초순~9월 하순
- 결실기 / 9~11월
- 참고 / 전체에 밑을 향한 날카로운 가시가 많다. 잎자루가 잎몸에 방패 모양으로 붙으므로 '며느리밑씻개'와 구분된다.

1	2	3	4	5	6	7	8	9	10	11	12

꽃

2004. 9. 9. 설악산

며느리밑씻개 마디풀과

Persicaria senticosa (Meisn.) H. Gross

줄기는 덩굴지어 다른 물체에 기어오르며, 가지가 많이 갈라지고, 길이 1~2m이다. 잎은 어긋나며, 삼각형, 길이 3~8cm, 너비 3~7 cm, 밑이 심장형이다. 잎자루는 가늘고, 턱잎은 잎 모양, 작고, 녹색이다. 꽃은 가지 끝에 둥글게 모여서 피며, 분홍색이다. 화피는 5갈래로 갈라지고, 길이는 4mm 가량이다. 열매는 수과, 둥글며, 화피에 싸여 위쪽만 밖으로 나온다.

1 2 3 4 5 6 7 8 9 10 11 12

- 분포 / 전국
- 생육지 / 들이나 물가
- 출현 빈도 / 흔함
- 생활형 / 한해살이풀
- 개화기 / 7월 초순~9월 중순
- 결실기 / 9~11월
- 참고 / 전체에 밑을 향한 거친 가시가 많다. '고마리'와 달리 잎이 삼각형이므로 구분된다.

2003. 9. 20. 경기도

- 분포 / 전국
- 생육지 / 습지
- 출현 빈도 / 흔함
- 생활형 / 한해살이풀
- 개화기 / 6월 중순~10월 초순
- 결실기 / 7~10월
- 참고 / 냇가나 도랑에서 흔히 볼 수 있으며, 아시아에 널리 분포한다.

미꾸리낚시 마디풀과

Persicaria sieboldii (Meisn.) Ohki

줄기는 아래쪽이 옆으로 누우며, 가지가 갈라지고, 길이 20~100cm, 밑을 향한 잔가시가 많다. 잎은 어긋나며, 피침형, 길이 5~10 cm, 너비 2~3cm이다. 턱잎은 엽초 모양이며, 길이 7~10mm, 털이 없다. 꽃은 가지 끝에 두상 꽃차례로 피며, 열매와 함께 달리고, 분홍색이다. 화피는 5갈래로 깊게 갈라지며, 길이는 3mm 가량이고, 아래쪽은 흰색, 위쪽은 붉은색이다. 열매는 수과이다.

1 2 3 4 5 6 7 8 9 10 11 12

1986. 9. 14. 경기도 운길산

고마리 　마디풀과

Persicaria thunbergii (Siebold et Zucc.) H. Gross

줄기는 아래쪽이 누워 자라며, 아래쪽 마디에서 뿌리가 내리고, 높이 50~100cm, 모서리에 가시가 드문드문 난다. 잎은 어긋나며, 삼각상 창 모양, 길이 3~10cm, 너비 2~7cm이다. 잎 뒷면은 주맥 위에 누운 털이 난다. 턱잎은 엽초 모양이며 짧다. 꽃은 가지 끝과 잎겨드랑이에 5~20개씩 두상 꽃차례로 달리며, 연분홍색 또는 흰색이다. 화피는 5갈래로 갈라지며, 길이 3~6mm이다. 열매는 수과이다.

1 2 3 4 5 6 7 8 9 10 11 12

- 분포 / 전국
- 생육지 / 도랑이나 물가
- 출현 빈도 / 흔함
- 생활형 / 한해살이풀
- 개화기 / 8월 중순~10월 초순
- 결실기 / 9~11월
- 참고 / '고만이' 라고도 한다. 꽃은 보통 연분홍색이지만 가끔 흰색 꽃도 발견된다.

1997. 6. 10. 지리산

꽃

마디풀

마디풀과

Polygonum aviculare L.

- 분포 / 전국
- 생육지 / 길가
- 출현 빈도 / 흔함
- 생활형 / 한해살이풀
- 개화기 / 5월 하순~10월 중순
- 결실기 / 7~11월
- 참고 / 아시아, 유럽, 북아메리카에 널리 분포하며, 우리 나라에서는 길가나 밭에 흔하게 자라는 잡초이다. 어린잎은 식용, 전초는 약으로 쓴다.

줄기는 곧추서거나 조금 비스듬히 자라며, 가지가 많이 갈라지고, 높이 10~40cm, 털이 없다. 잎은 어긋나며, 선상 타원형, 길이 1.5~4.0cm, 너비 0.5~1.2cm, 양 끝이 둔하다. 꽃은 잎겨드랑이에 1~5개씩 피며, 붉은빛이 도는 흰색이다. 화피는 중앙까지 5갈래로 갈라진다. 수술은 8개, 암술은 3갈래이다. 열매는 수과, 삼각상 난형이고, 검은 갈색으로 익는다.

1	2	3	4	5	6	7	8	9	10	11	12

2003. 9. 15. 경기도

석류풀 석류풀과

Mollugo pentaphylla L.

줄기는 가지가 많이 갈라지며, 높이 10~30 cm, 털이 없고, 능선이 있다. 잎은 돌려나거나 마주나며, 피침형 또는 도피침형, 길이 1.5~3.0cm, 너비 0.3~0.7cm, 가장자리는 밋밋하다. 꽃은 가지 끝과 잎겨드랑이에 취산꽃차례로 피며, 노란빛이 도는 흰색이다. 꽃자루는 1~4mm, 꽃이 진 뒤에 밑으로 처진다. 화피는 깊게 5갈래로 갈라진다. 열매는 삭과, 둥글다.

1 2 3 4 5 6 7 8 9 10 11 12

- 분포 / 전국
- 생육지 / 밭과 들
- 출현 빈도 / 흔함
- 생활형 / 한해살이풀
- 개화기 / 7월 중순~10월 중순
- 결실기 / 9~11월
- 참고 / 밭에 흔하게 자라는 잡초이며, 아시아에 널리 분포한다.

1999. 6. 20. 경상남도 거제

- 분포 / 남부 지방
- 생육지 / 바닷가 모래땅
- 출현 빈도 / 비교적 흔함
- 생활형 / 여러해살이풀
- 개화기 / 4월 중순~11월 초순
- 결실기 / 5~11월
- 참고 / 어린잎은 식용 또는 약용한다.

번행초 석류풀과

Tetragonia tetragonoides (Pall.) Kuntze

전체에 사마귀 모양의 돌기가 많고 다육질이다. 줄기는 눕거나 덩굴지며, 가지가 갈라지고, 길이 40~60cm이다. 잎은 어긋나며, 난상 삼각형 또는 난형, 길이 4~6cm, 너비 3~5cm, 가장자리는 밋밋하다. 꽃은 잎겨드랑이에 1~2개씩 달리며, 노란색이다. 꽃받침통은 길이 3~4mm이지만, 열매가 익을 때에는 6~7mm로 자란다. 꽃잎은 없다. 열매는 견과, 벌어지지 않는다.

1	2	3	4	5	6	7	8	9	10	11	12

2001. 7. 20. 덕유산

패랭이꽃 석죽과

Dianthus chinensis L.

줄기는 모여나며, 곧추서고, 높이 30~50cm이다. 잎은 마주나며, 선형 또는 피침형, 길이 5~6cm, 너비 0.5~0.7cm, 끝은 뾰족하고, 밑은 줄기를 조금 감싼다. 꽃은 줄기 또는 가지 끝에 1~3개씩 피며, 붉은 보라색이다. 꽃받침은 짧은 원통형이고, 꽃받침 밑의 작은 포는 보통 4장이며, 끝이 길게 뾰족하다. 꽃잎은 5장이고, 길이는 1.5~2.0cm이다. 열매는 삭과, 끝이 4갈래로 갈라지고, 꽃받침이 남아 있다.

1 2 3 4 5 6 7 8 9 10 11 12

- 분포 / 전국
- 생육지 / 산과 들의 건조한 곳
- 출현 빈도 / 흔함
- 생활형 / 여러해살이풀
- 개화기 / 6월 초순~10월 초순
- 결실기 / 8~11월
- 참고 / 꽃의 모양이 패랭이를 닮았다 하여 이 같은 이름이 붙여졌다. 유럽으로 건너가 지중해산 패랭이꽃속 식물과 함께 카네이션의 원종이 되었다.

흰색 꽃

1995. 8. 4. 한라산

- 분포 / 전국
- 생육지 / 산과 들
- 출현 빈도 / 비교적 흔함
- 생활형 / 여러해살이풀
- 개화기 / 6월 중순~10월 중순
- 결실기 / 8~11월
- 참고 / 꽃잎이 가늘고 길게 술처럼 갈라진다고 하여 이 같은 이름이 붙여졌다.

술패랭이꽃 석죽과

Dianthus superbus L. var. *longicalycinus* (Maxim.) F. N. Williams

줄기는 곧추서며, 가지가 갈라지고, 높이 50~100cm이다. 잎은 마주나며, 선형 또는 선상 피침형, 길이 4~10cm, 너비 0.2~1.0cm, 밑은 합쳐져서 마디를 감싼다. 꽃은 가지와 줄기 끝에 취산 꽃차례로 피며, 분홍색이다. 꽃받침은 원통형, 길이 3~4cm, 작은 포보다 3~4배 길다. 꽃잎은 5장, 중앙까지 가늘고 길게 갈라진다. 열매는 삭과, 길이는 2~3cm이다.

1 2 3 4 5 6 7 8 9 10 11 12

1997. 9. 4. 전라북도 고창

퉁퉁마디 명아주과

Salicornia europaea L.

전체가 다육질이며, 녹색이지만 가을에 붉은색으로 변한다. 줄기는 곧추서며, 마디마다 통통한 가지가 갈라지고, 높이 10~30cm이다. 잎은 마주나며, 비늘 조각 모양이다. 꽃은 양쪽 비늘잎의 잎겨드랑이 홈 속에 3개씩 달려 전체적으로 이삭 꽃차례를 이루며, 녹색이다. 화피는 주머니 모양이고, 다육질이다. 열매는 포과, 납작한 난형이다.

1 2 3 4 5 6 7 8 9 10 11 12

- 분포 / 서해안, 남해안
- 생육지 / 바닷가 주변
- 출현 빈도 / 비교적 흔함
- 생활형 / 한해살이풀
- 개화기 / 8월 초순~9월 중순
- 결실기 / 9~10월
- 참고 / 마디가 튀어나왔다 하여 이 같은 이름이 붙여졌다. 잎이 흔적만 남아 있는 식물로서 줄기에서 가지가 마주나서 잎처럼 보인다.

1997. 9. 4. 전라북도 고창

꽃

- 분포 / 서해안, 남해안
- 생육지 / 바닷가 갯벌과 모래땅
- 출현 빈도 / 흔함
- 생활형 / 한해살이풀
- 개화기 / 8월 초순~10월 하순
- 결실기 / 9~11월
- 참고 / '해홍나물'과 비슷하지만 더 크게 자라며, 꽃차례 끝부분에 잎이 달리지 않으므로 구분된다.

나문재 명아주과

Suaeda glauca (Bunge) Bunge

줄기는 곧추서며, 가지가 많이 갈라지고, 높이 40~100cm이다. 잎은 어긋나며, 다육질, 선형, 길이 1~3cm이다. 위쪽 잎에는 잎자루가 있다. 꽃은 줄기 위쪽 잎 부근에서 난 짧은 꽃대 끝에 1~3개씩 달리거나 줄기 끝에 이삭꽃차례로 달리며, 녹색이다. 화피는 5장이다. 열매는 포과, 조금 납작하고, 지름 2~3mm이다. 열매에 검은 씨가 1개씩 들어 있다.

1	2	3	4	5	6	7	8	9	10	11	12

1997. 8. 24. 인천광역시 강화도

칠면초 명아주과

Suaeda japonica Makino

줄기는 곧추서며, 가지가 많이 갈라지고, 높이 20~50cm이다. 잎은 어긋나며, 다육질이고, 처음에는 녹색이지만 차츰 붉은색으로 변한다. 잎몸은 둥근 기둥 모양, 좁은 선형 또는 좁은 피침형, 길이 0.5~3.5cm, 너비 1.5~3.0mm이다. 꽃은 잎겨드랑이에 모여 달리며, 처음에는 녹색이지만 붉은색으로 변한다. 화피는 5장, 길이는 4mm 가량이다. 열매는 포과, 원반 모양이고, 화피에 싸여 있다.

1 2 3 4 5 6 7 8 9 10 11 12

- 분포 / 서해안, 남해안
- 생육지 / 바닷가 갯벌
- 출현 빈도 / 비교적 흔함
- 생활형 / 한해살이풀
- 개화기 / 7월 중순~9월 하순
- 결실기 / 8~11월
- 참고 / 보통 무리지어 자라며, 잎이 기둥 모양이므로 구분된다. 어린순은 나물로 먹는다.

1997. 9. 3. 전라북도 변산 반도

- 분포 / 서해안, 남해안
- 생육지 / 바닷가
- 출현 빈도 / 비교적 흔함
- 생활형 / 한해살이풀
- 개화기 / 8월 초순~11월 초순
- 결실기 / 9~11월
- 참고 / '나문재'와 달리 잎끝이 뾰족하며, 조금 더 많은 수의 꽃이 잎겨드랑이에만 모여 달리므로 구분된다. 어린순은 먹는다.

해홍나물 명아주과

Suaeda maritima (L.) Dumortier

줄기는 곧추서며, 가지가 갈라지고, 높이 30~60cm이다. 잎은 어긋나며, 다육질, 흰 가루로 덮이고, 가을에 통통해지며, 붉은색으로 변한다. 잎몸은 좁은 선형, 길이 1~3cm, 너비 0.7~1.2mm이다. 잎자루는 없다. 꽃은 잎겨드랑이에 1~5개씩 모여 달리며, 노란빛이 도는 녹색이다. 꽃 밑에 매우 작은 막질의 포가 3장 있다. 화피는 5장이다. 열매는 포과, 원반 모양이다.

1 2 3 4 5 6 7 8 9 10 11 12

1994. 10. 4. 한라산

남오미자 목련과

Kadsura japonica (L.) Dunal

줄기는 덩굴지며, 길이 3m, 지름 1.5cm 가량이다. 잎은 어긋나며, 가죽질이고, 긴 타원형 또는 넓은 난형, 길이 5~10cm, 너비 3~5 cm, 양 끝이 뾰족하고, 가장자리에 이 모양의 톱니가 있다. 꽃은 단성 또는 양성화이며, 잎겨드랑이에 1개씩 밑을 향해 달리고, 노란빛이 도는 흰색이다. 외화피는 2~4장, 내화피는 6~8장, 수술과 암술은 많다. 열매는 장과, 붉게 익는다.

1 2 3 4 5 6 7 8 9 10 11 12

- 분포 / 제주도, 남해안 섬
- 생육지 / 저지대의 양지바른 곳
- 출현 빈도 / 비교적 흔함
- 생활형 / 늘푸른덩굴나무
- 개화기 / 7월 중순~9월 중순
- 결실기 / 9~11월
- 참고 / 잎이 상록성이며, 열매가 둥글게 모여 달리므로 우리 나라의 오미자과 식물들과 구분된다.

2001. 9. 23. 제주도

- 분포 / 제주도, 남부 지방
- 생육지 / 저지대 산기슭
- 출현 빈도 / 비교적 흔함
- 생활형 / 늘푸른작은키나무
- 개화기 / 9월 초순~11월 초순
- 결실기 / 10월~다음 해 4월
- 참고 / 잎과 열매가 아름다우므로 남부 지방에서 관상수로 심어 가꾸기에 좋다. 일본에도 분포한다.

까마귀쪽나무 녹나무과

Litsea japonica (Thunb.) Juss.

햇가지, 꽃차례, 잎자루에 갈색 털이 많다. 줄기는 높이 5~10m, 껍질은 갈색이다. 잎은 어긋나며, 두껍고, 긴 타원형, 길이 7~15cm, 너비 2~5cm, 가장자리는 밋밋하고 뒤로 조금 말린다. 잎 앞면은 짙은 녹색이고 윤이 나며, 뒷면은 갈색 털이 난다. 꽃은 암수 딴그루로 피며, 잎겨드랑이에 겹산형 꽃차례로 달리고, 노란빛이 도는 흰색이다. 열매는 장과, 타원형이며, 길이는 1.5~1.8cm, 검게 익는다.

1	2	3	4	5	6	7	8	9	10	11	12

열매

2003. 10. 1. 제주도

참식나무 녹나무과

Neolitsea sericea (Blume) Koidz.

줄기는 높이 10~15m이고, 껍질은 검은빛이 도는 회색이다. 잎은 어긋나며, 가죽질, 긴 타원형, 길이 8~18cm, 너비 4~8cm, 가장자리는 밋밋하다. 잎 앞면은 녹색이고 뒷면은 흰색이다. 새로 난 잎은 밑으로 처지고, 노란빛이 도는 갈색 털이 많다. 꽃은 암수 딴그루로 피며, 잎겨드랑이에 꽃자루 없이 산형 꽃차례로 달리고, 노란빛이 도는 흰색이다. 화피는 4갈래로 갈라진다. 열매는 장과, 붉게 익는다.

1	2	3	4	5	6	7	8	9	10	11	12

- 분포 / 제주도, 울릉도, 남부 지방
- 생육지 / 숲 속
- 출현 빈도 / 흔함
- 생활형 / 늘푸른큰키나무
- 개화기 / 10월 초순~11월 중순
- 결실기 / 다음 해 10~11월
- 참고 / 열매가 다음 해 가을에 익으므로 가을철에 꽃과 열매를 동시에 볼 수 있다.

2003. 9. 23. 경상북도 비슬산

- 분포 / 중부 이남
- 생육지 / 숲 속
- 출현 빈도 / 매우 드묾
- 생활형 / 여러해살이풀
- 개화기 / 9월 초순
- 결실기 / 9~10월
- 참고 / 멸종 위기 II급. 한국 특산 식물. 잎은 아래쪽에서는 오각형이지만 위로 가면서 삼각형이 된다.

세뿔투구꽃 미나리아재비과

Aconitum austro-koraiense Koidz.

뿌리는 원추형이다. 줄기는 곧추서거나 비스듬히 서며, 가지가 갈라지지 않고, 높이 60~80cm이다. 잎은 어긋나며, 오각형 또는 삼각형, 길이 6~7cm, 너비 5~6cm, 가장자리에 톱니가 있다. 꽃은 잎겨드랑이에 총상 꽃차례로 피며, 노란빛이 도는 보라색이고, 투구 모양이다. 꽃받침잎은 꽃잎처럼 보이며, 5장이다. 꽃잎은 2장이며, 꽃받침 속으로 들어가서 꿀샘이 된다. 열매는 골돌이다.

1 2 3 4 5 6 7 8 9 10 11 12

2002. 8. 24. 강원도 금대봉

넓은잎노랑투구꽃 미나리아재비과

Aconitum barbatum Patrin ex Pers. var. *hispidum* (DC.) Ser.

줄기는 곧추서며, 높이 70~100cm이다. 뿌리잎은 2~4장이고 잎자루가 길다. 줄기잎은 어긋나며, 손바닥 모양이고, 3~5갈래로 갈라진다. 잎 앞면에는 짧은 털이 나고 뒷면에는 연하고 긴 털이 있다. 꽃은 줄기 끝이나 잎겨드랑이에 총상 꽃차례로 피며, 투구 모양이고, 노란색이다. 꽃받침잎은 5장이며, 꽃잎처럼 보인다. 꽃잎은 2장이며, 꿀샘으로 되어 꽃받침 속에 들어 있다. 열매는 골돌이다.

1	2	3	4	5	6	7	8	9	10	11	12

- 분포 / 강원도, 북부 지방
- 생육지 / 높은 산 숲 가장자리
- 출현 빈도 / 드묾
- 생활형 / 여러해살이풀
- 개화기 / 8월 초순~9월 중순
- 결실기 / 9~10월
- 참고 / 남한에서는 강원도 금대봉, 함백산 등지에서만 드물게 발견되는 북방계 식물이다.

1996. 9. 4. 설악산

- 분포 / 전국
- 생육지 / 숲 속 또는 숲 가장자리
- 출현 빈도 / 비교적 흔함
- 생활형 / 여러해살이풀
- 개화기 / 8월 하순~10월 초순
- 결실기 / 9~10월
- 참고 / 독이 강한 식물이며, 뿌리는 한약재로 쓴다.

투구꽃 미나리아재비과

Aconitum jaluense Kom.

줄기는 곧추서며, 높이 80~100cm이다. 잎은 어긋나며, 3~5갈래로 갈라지고, 갈래 끝이 뾰족하다. 줄기 위쪽의 잎은 차츰 작아지고, 3갈래로 갈라진다. 꽃은 줄기 끝과 잎겨드랑이에 총상 꽃차례 또는 겹총상 꽃차례로 피며, 투구 모양이고, 보라색이다. 꽃받침잎은 5장이며, 꽃잎처럼 보인다. 꽃잎은 2장이며, 위 꽃받침잎 속에 들어 있다. 열매는 골돌, 타원형이다.

1	2	3	4	5	6	7	8	9	10	11	12

1985. 9. 10. 경기도 유명산

백부자 미나리아재비과

Aconitum koreanum (H. Lév.) Rapaics

덩이뿌리가 2~3개 발달한다. 줄기는 곧추서며, 높이 40~130cm이다. 잎은 어긋나며, 3갈래로 밑부분까지 갈라진 다음에 각 갈래는 다시 2~3회 갈라진다. 꽃은 줄기 끝에 총상꽃차례로 피며, 노란색 또는 흰색 바탕에 자줏빛이 돈다. 꽃받침잎은 5장이고 털이 많다. 위 꽃받침잎은 투구 모양이고, 길이는 1.5~2.0 cm이다. 열매는 골돌, 길이 1~2cm이다.

1 2 3 4 5 6 7 8 9 10 11 12

- 분포 / 섬을 제외한 전국
- 생육지 / 숲 속
- 출현 빈도 / 드묾
- 생활형 / 여러해살이풀
- 개화기 / 8월 초순~10월 초순
- 결실기 / 9~10월
- 참고 / 멸종 위기 II급. 우리 나라에서 처음 발견되었지만 중국 둥베이 지방에도 분포한다.

1987. 8. 27. 설악산

- 분포 / 전국
- 생육지 / 숲 속
- 출현 빈도 / 비교적 흔함
- 생활형 / 여러해살이풀
- 개화기 / 8월 초순~9월 하순
- 결실기 / 9~10월
- 참고 / 독이 강한 식물이며, 한약재로 쓴다.

흰진교 미나리아재비과

Aconitum longecassidatum Nakai

뿌리는 수염뿌리 모양이다. 줄기는 비스듬히 자라거나 조금 덩굴지며, 높이 50~120cm이다. 잎은 3~7갈래로 갈라진 홑잎이며, 손바닥 모양이고, 가장자리에 톱니가 있다. 꽃은 줄기 끝과 잎겨드랑이에 총상 꽃차례로 피며, 노란빛이 도는 흰색이고, 밑부분이 자줏빛을 띤다. 꽃받침잎은 5장이며, 꽃잎처럼 보이고, 원통형 거(距)가 발달한다. 꽃잎은 2장이며, 위 꽃받침잎 속에 들어 있다. 열매는 골돌이다.

1	2	3	4	5	6	7	8	9	10	11	12

1983. 9. 9. 한라산

한라돌쩌귀 미나리아재비과

Aconitum napiforme H. Lév. et Vaniot

뿌리는 도란형이며, 길이는 3~8cm이다. 줄기는 곧추서며, 높이 20~150cm, 굽은 털이 난다. 잎은 줄기 전체에 균등하게 어긋나며, 3갈래로 완전히 갈라지고, 길이 4~14cm, 너비 4~16cm이다. 꽃은 줄기 끝에 총상 꽃차례 또는 산방 꽃차례로 2~8개씩 피며, 푸른 보라색이고, 길이는 2.5~3.5cm이다. 꽃받침 잎은 꽃잎 같으며, 털이 난다. 열매는 골돌, 곧추서고, 길이 0.8~1.3cm이다.

1	2	3	4	5	6	7	8	9	10	11	12

- 분포 / 제주도, 남부 지방
- 생육지 / 숲 속
- 출현 빈도 / 드묾
- 생활형 / 여러해살이풀
- 개화기 / 8월 초순~9월 하순
- 결실기 / 9~10월
- 참고 / 한라산에서 처음 발견되었다 하여 이 같은 이름이 붙여졌다. 일본과 중국에도 분포하는 것으로 알려져 있다.

1996. 8. 25. 설악산

- 분포 / 전국
- 생육지 / 숲 속
- 출현 빈도 / 비교적 흔함
- 생활형 / 여러해살이풀
- 개화기 / 8월 초순~9월 하순
- 결실기 / 9~10월
- 참고 / 한국 특산 식물이다. 진범이라 부르는 것은 한때 진교(秦艽)의 한자명을 진범으로 잘못 읽었기 때문이다.

진교 미나리아재비과

Aconitum pseudo-laeve Nakai

뿌리는 굵지만 덩이뿌리는 아니다. 줄기는 곧추서거나 비스듬히 자라며, 높이 40~90cm이다. 잎은 손바닥 모양의 홑잎이다. 뿌리잎은 길이 6~12cm이고 잎자루가 길다. 꽃은 줄기 끝과 잎겨드랑이에 총상 꽃차례로 피며, 자주색이다. 꽃받침잎은 5장이며, 꽃잎처럼 보이고, 겉에 잔털이 난다. 위 꽃받침잎은 끝이 뒤로 구부러진다. 꽃잎은 2장이며, 위 꽃받침잎 속에 들어 있다. 열매는 골돌, 겉에 털이 난다.

1	2	3	4	5	6	7	8	9	10	11	12

1990. 9. 9. 설악산

눈빛승마 미나리아재비과

Cimicifuga dahurica (Turcz. ex Fisch. et C. A. Mey.) Maxim.

줄기는 높이 1.5~2.5m이다. 잎은 2회 3갈래로 갈라지거나 끝의 작은 잎자루에 잎이 더 달려 깃꼴겹잎처럼 된다. 작은잎은 난형 또는 난상 타원형이다. 꽃은 암수 딴포기로 피며, 원추 꽃차례로 달리고, 흰색이다. 꽃받침잎은 꽃잎처럼 보이며, 일찍 떨어지고, 길이 2.3~4.0mm이다. 꽃잎은 2~3장이며, 길이 2.0~3.5mm, 수술처럼 보인다. 열매는 골돌이다.

1	2	3	4	5	6	7	8	9	10	11	12

- 분포 / 전국
- 생육지 / 숲 속
- 출현 빈도 / 비교적 흔함
- 생활형 / 여러해살이풀
- 개화기 / 8월 초순~9월 하순
- 결실기 / 9~10월
- 참고 / 우리 나라에 자라는 승마속 식물 가운데 유일하게 암수 딴포기 식물이다.

왜승마
미나리아재비과

Cimicifuga japonica
(Thunb.) Spreng.

잎은 뿌리줄기에서 나며, 작은 잎 3장으로 된 겹잎이다. 줄기는 없고, 꽃줄기는 높이 60~80cm이다. 작은잎은 넓은 난형 또는 둥근 심장형, 가장자리가 손바닥처럼 갈라진다. 잎 앞면 가장자리에 털이 띠를 이루어 난다. 꽃은 뿌리에서 난 꽃줄기 끝에 총상 꽃차례로 피며, 흰색이다. 꽃차례는 길이 20~40cm, 밑에서 가지가 갈라진다. 꽃받침잎은 5장, 꽃잎은 작다. 열매는 골돌이다.

1	2	3	4	5	6
7	8	9	10	11	12

- 분포 / 제주도
- 생육지 / 숲 속
- 출현 빈도 / 드묾
- 생활형 / 여러해살이풀
- 개화기 / 8월 초순~10월 중순
- 결실기 / 9~11월
- 참고 / 서울에서도 월동이 된다. 비슷한 식물인 '개승마(*C. biternata* (Siebold et Zucc.) Miq.)'는 우리 나라에 분포하지 않는다.

1995. 9. 20. 한라산

2003. 8. 31. 강원도 금대봉

세잎승마 미나리아재비과

Cimicifuga heracleifolia Kom. var. *bifida* Nakai

줄기는 곧추서며, 높이 80~120cm이다. 잎은 줄기 아래쪽에서 발달하며, 작은잎 3장으로 된 겹잎이다. 가운데 작은잎은 난형 또는 원형, 맥이 5~7개 있고, 밑이 납작하거나 심장형이다. 꽃은 줄기 끝이나 잎겨드랑이에 길이 20~60cm의 원추 꽃차례로 달리며, 흰색이다. 꽃받침잎은 5장이고, 일찍 떨어진다. 꽃잎은 1~2장, 끝이 2갈래로 갈라지거나 갈라지지 않는다. 열매는 골돌이다.

1 2 3 4 5 6 7 8 9 10 11 12

- 분포 / 중부 이북
- 생육지 / 산의 숲 속
- 출현 빈도 / 드묾
- 생활형 / 여러해살이풀
- 개화기 / 8월 중순~9월 중순
- 결실기 / 9~10월
- 참고 / 한국 특산 식물이다. '승마'와 달리 잎이 뚜렷한 3출엽으로서 제주도에서 자라는 '왜승마'를 닮았다.

2003. 10. 16. 경상북도 등운산

2003. 9. 4. 강원도 금대봉

촛대승마 미나리아재비과

Cimicifuga simplex (Wormsk. ex DC.) Turcz.

줄기는 높이 40~150cm이다. 잎은 작은잎이 많이 달린 깃꼴겹잎이다. 끝의 작은잎은 긴 난형이다. 꽃은 줄기 끝에 총상 꽃차례로 달리며, 흰색이고, 대부분 양성화지만 수꽃인 경우도 있다. 꽃차례는 밑부분에서 가지가 갈라지기도 한다. 꽃받침잎은 5장, 꽃잎처럼 보인다. 꽃잎은 보통 2장이며, 2갈래로 갈라지고, 수술처럼 보인다. 열매는 골돌이다.

1 2 3 4 5 6 7 8 9 10 11 12

- 분포 / 전국
- 생육지 / 높은 산 숲 속
- 출현 빈도 / 비교적 흔함
- 생활형 / 여러해살이풀
- 개화기 / 7월 하순~9월 하순
- 결실기 / 9~10월
- 참고 / 꽃이 핀 모양이 하얀 양초를 닮았다 하여 이 같은 이름이 붙여졌다.

1996. 9. 3. 백두산

개버무리 미나리아재비과

Clematis serratifolia Rehder

줄기는 덩굴지어 자라며, 길이 2~4m, 햇가지에 털이 조금 난다. 잎은 마주나며, 2회 3갈래로 갈라지는 겹잎이다. 작은잎은 긴 난형 또는 피침형이고, 길이 3~5cm, 너비 1~3cm이다. 꽃은 잎겨드랑이와 가지 끝에 3~6개씩 밑을 향해 달리며, 연한 노란색이고, 지름 5~6cm이다. 꽃자루는 길이 10~14cm이고, 아래쪽에 포엽이 2장 있다. 꽃받침잎은 4장, 꽃잎처럼 보이며, 좁은 난형이다. 열매는 수과, 난형이다.

- 분포 / 중부 이북
- 생육지 / 냇가의 돌무더기
- 출현 빈도 / 비교적 드묾
- 생활형 / 갈잎덩굴나무
- 개화기 / 8월 중순~9월 하순
- 결실기 / 10~11월
- 참고 / 꽃이 크고 아름다워서 관상 가치가 높다. 일본, 중국, 러시아 등지에도 자라는 북방계 식물이다.

1 2 3 4 5 6 7 8 9 10 11 12

1998. 9. 12. 경상남도 창녕

가시연꽃 수련과

Euryale ferox Salisb.

줄기는 없다. 처음에 물 속에서 나는 잎은 작고 화살 모양이다. 물 위에 뜨는 잎은 원형이고 지름은 20~120cm이며, 양 면 맥 위에 가시가 많다. 잎 앞면은 주름지고 윤이 나며, 뒷면은 검붉은색이다. 잎자루는 길고, 방패 모양으로 붙는다. 꽃은 뿌리에서 나온 꽃줄기 끝에 1개씩 피며, 밝은 자주색이고, 지름은 3~4 cm, 밤에는 오므라든다. 열매는 장과처럼 생겼으며, 길이는 6~7cm이고, 타원형이다.

1	2	3	4	5	6	7	8	9	10	11	12

- 분포 / 제주도를 제외한 전국
- 생육지 / 깊은 연못
- 출현 빈도 / 드묾
- 생활형 / 한해살이 물풀
- 개화기 / 8월 초순~9월 하순
- 결실기 / 9~10월
- 참고 / 멸종 위기 II급. 전체에 가시가 많아서 이 같은 이름이 붙여졌다. 큰 잎을 가진 식물 가운데 하나이다.

2002. 11. 5. 전라남도 진도

- 분포 / 대청도와 울릉도 이남
- 생육지 / 해안 지방
- 출현 빈도 / 흔함
- 생활형 / 늘푸른작은키나무
- 개화기 / 11월 중순~다음 해 4월 중순
- 결실기 / 9 ~10월
- 참고 / 일본과 중국에도 분포하며, 수많은 원예 품종으로 개량되어 세계 여러 나라에 보급되었다.

동백나무 차나무과

Camellia japonica L.

줄기는 높이 3~8m에 이른다. 잎은 어긋나며, 두껍고, 타원형, 길이 5~12cm, 너비 3~7cm, 가장자리에 잔 톱니가 있다. 잎 앞면은 짙은 녹색으로 윤이 난다. 꽃은 잎겨드랑이와 가지 끝에 1개씩 달리고, 보통 붉은색이지만 드물게 흰색, 분홍색도 있으며, 지름 5~7cm이다. 꽃받침은 5장이며, 난상 원형이다. 꽃잎은 5~7장, 밑이 합쳐지며, 반쯤 벌어진다. 열매는 삭과, 둥글며, 지름은 3~4cm이다.

1	2	3	4	5	6	7	8	9	10	11	12

꽃

1993. 1. 25. 제주도

우묵사스레피 차나무과

Eurya emarginata (Thunb.) Makino

줄기는 높이 3~4m, 가지가 많이 갈라진다. 잎은 어긋나며, 2줄로 붙고, 가죽질, 좁은 도란형, 길이 2~5cm, 너비 1~2cm, 끝이 오목하게 들어간다. 잎 가장자리는 물결 모양의 톱니가 있다. 꽃은 암수 딴그루로 피며, 잎겨드랑이에 밑을 향해 달리고, 노란빛이 도는 연한 녹색, 지름 4~5mm이다. 꽃받침잎은 5장이다. 꽃잎은 5장이고, 난형이다. 열매는 장과, 지름 4~7mm, 검게 익는다.

1	2	3	4	5	6	7	8	9	10	11	12

- 분포 / 남부 지방
- 생육지 / 바닷가
- 출현 빈도 / 흔함
- 생활형 / 늘푸른작은키나무
- 개화기 / 8월 중순~11월 중순
- 결실기 / 10월~다음 해 4월
- 참고 / 잎 끝이 우묵하게 들어가 있다고 하여 이 같은 이름이 붙여졌다.

2003. 9. 20. 경기도

꽃

- 분포 / 중부 이남
- 생육지 / 들이나 밭
- 출현 빈도 / 비교적 흔함
- 생활형 / 한해살이풀
- 개화기 / 8월 초순~9월 중순
- 결실기 / 9~11월
- 참고 / '고추나물'에 비해 잎과 꽃이 모두 작고, '애기고추나물'은 포엽이 선상 피침형이므로 구분된다.

좀고추나물 물레나물과

Hypericum laxum (Blume) Koidz.

줄기는 능선이 4개 있고, 위쪽에서 가지가 갈라지며, 높이 5~35cm이다. 잎은 마주나며, 타원형, 길이 5~10mm, 너비 3~8mm, 끝은 둥글고, 밑은 줄기를 반쯤 감싼다. 꽃은 가지 끝에 취산 꽃차례로 피며, 노란색이고, 지름 5~7mm이다. 포엽은 난상 타원형이다. 꽃받침잎은 5장이며, 긴 타원형, 길이 3~4mm, 끝이 둔하다. 꽃잎은 5장이고, 긴 타원형이며, 길이 2~3mm이다. 열매는 삭과이다.

1 2 3 4 5 6 7 8 9 10 11 12

1996. 9. 8. 지리산

눈괴불주머니 | 양귀비과

Corydalis ochotensis Turcz.

줄기는 모가 나며, 가지가 많이 갈라져 엉키고, 높이 50~100cm이다. 잎은 어긋나며, 2~3회 3갈래로 갈라진다. 작은잎은 3갈래로 갈라지고, 갈래는 긴 타원형 또는 도란형이다. 잎자루는 길고 날개가 있다. 꽃은 가지 끝에 총상 꽃차례로 달리며, 연한 노란색이다. 포엽은 난형 또는 넓은 난형이다. 꽃받침잎은 가장자리에 톱니가 있다. 열매는 삭과, 씨가 2줄로 늘어선다.

1 2 3 4 5 6 7 8 9 10 11 12

- 분포 / 전국
- 생육지 / 산과 들의 습한 지역
- 출현 빈도 / 흔함
- 생활형 / 두해살이풀
- 개화기 / 7월 중순~9월 하순
- 결실기 / 8~10월
- 참고 / '산괴불주머니(*C. speciosa* Maxim.)'와 달리 늦여름과 가을에 꽃이 피며, 줄기가 길어서 덩굴처럼 된다.

1985. 9. 16. 한라산

- 분포 / 전국
- 생육지 / 산과 들
- 출현 빈도 / 비교적 흔함
- 생활형 / 여러해살이풀
- 개화기 / 8월 하순~10월 중순
- 결실기 / 10~11월
- 참고 / 꽃잎과 수술의 길이가 거의 같으므로 수술이 더 긴 '큰꿩의비름'과 구분된다.

꿩의비름 돌나물과

Hylotelephium erythrostichum (Miq.) H. Ohba

전체가 밝은 녹색이다. 줄기는 곧추서며, 가지가 갈라지지 않고, 높이 40~70cm이다. 잎은 십자가 모양으로 마주나며, 타원형이고, 길이 8~12cm, 너비 3~6cm이다. 잎 가장자리는 중앙 이상에 톱니가 있거나 밋밋하다. 꽃은 산방상 취산 꽃차례로 달리며, 흰색 또는 붉은빛이 도는 흰색이다. 꽃받침은 연한 녹색이고, 다육질이다. 꽃잎은 보통 5장이고, 피침형이다. 수술은 꽃잎과 같은 길이이다. 열매는 골돌이다.

1	2	3	4	5	6	7	8	9	10	11	12

2002. 10. 2. 전라남도 흑산도

큰꿩의비름 　돌나물과

Hylotelephium spectabile (Boreau) H. Ohba

뿌리줄기는 크게 발달한다. 줄기는 뿌리에서 몇 대가 모여나며, 높이 30~70cm이다. 잎은 마주나거나 돌려나며, 다육질이고, 난형 또는 주걱형, 길이 7~13cm, 너비 5~8cm, 가장자리가 밋밋하거나 물결 모양이다. 꽃은 줄기 끝에 산방꽃차례로 피며, 붉은 자주색이다. 꽃받침은 5갈래이다. 꽃잎은 5장이고, 넓은 피침형, 길이 6~7mm로서 꽃받침보다 3배쯤 길다. 수술은 10개이며, 꽃잎보다 길다. 열매는 골돌이다.

1 2 3 4 5 6 7 8 9 10 11 12

- 분포 / 전국
- 생육지 / 산과 들
- 출현 빈도 / 비교적 흔함
- 생활형 / 여러해살이풀
- 개화기 / 8월 초순~9월 하순
- 결실기 / 9~10월
- 참고 / '꿩의비름'보다 꽃의 빛깔이 진하며, 잎도 더 크고 둥글다.

1998. 9. 1. 경상북도 주왕산

둥근잎꿩의비름 돌나물과

Hylotelephium ussuriense (Kom.) H. Ohba

줄기는 3~4대가 모여나며, 기는 성질이 있고, 높이 15~30cm이다. 잎은 십자가 모양으로 마주나며, 다육질이고, 난상 원형 또는 난상 타원형, 지름 3.0~3.8cm, 가장자리는 붉은색을 띠기도 하고, 물결 모양의 톱니가 있다. 꽃은 줄기 끝에 둥근 산방상 취산 꽃차례로 달리며, 4~6수성, 붉은 자주색이다. 꽃받침은 회색빛이 도는 녹색이다. 꽃잎은 길이 8~9mm이다. 열매는 골돌이다.

1 2 3 4 5 6 7 8 9 10 11 12

- 분포 / 주왕산, 내연산 일대
- 생육지 / 계곡의 그늘진 바위틈
- 출현 빈도 / 드묾
- 생활형 / 여러해살이풀
- 개화기 / 7월 중순~10월 초순
- 결실기 / 9~11월
- 참고 / 멸종 위기 II급. 한국 특산 식물로 발표된 식물이지만, 우수리에 분포하는 것과 같은 것으로 알려졌다.

2003. 9. 21. 경기도 유명산

새끼꿩의비름 돌나물과

Hylotelephium viviparum (Maxim.) H. Ohba

줄기는 곧추서며, 높이 30~60cm이다. 잎은 보통 3장이 돌려나지만 위쪽에서는 마주나기도 하며, 넓은 피침형이고, 길이 3~6cm, 너비 1~2cm, 가장자리에 둔한 톱니가 있다. 잎자루는 짧다. 꽃은 줄기 끝에 산방상 취산 꽃차례로 달리며, 노란빛이 도는 흰색이다. 꽃받침잎과 꽃잎은 각각 5장이다. 꽃잎은 긴 타원상 피침형이며, 끝이 뾰족하다. 수술은 10개이다. 열매는 골돌, 육아(肉芽)와 함께 달린다.

1	2	3	4	5	6	7	8	9	10	11	12

- 분포 / 중부 이북
- 생육지 / 산의 숲 속
- 출현 빈도 / 비교적 드묾
- 생활형 / 여러해살이풀
- 개화기 / 8월 초순~10월 중순
- 결실기 / 9~11월
- 참고 / 잎겨드랑이와 꽃차례에 작은 육아가 발달하므로 '세잎꿩의비름(*H. verticillatum* (L.) H. Ohba)'과 구분된다.

1995. 8. 10. 한라산

- 분포 / 중부 이남
- 생육지 / 산의 바위 겉
- 출현 빈도 / 비교적 흔함
- 생활형 / 여러해살이풀
- 개화기 / 8월 초순~9월 하순
- 결실기 / 10~11월
- 참고 / 우리 나라와 일본에만 분포한다. 한 종이 속을 이룬다. 바위솔속에 포함하기도 하지만 뚜렷한 취산 꽃차례를 이루므로 난쟁이바위솔속으로 따로 구분한다.

난쟁이바위솔 돌나물과

Meterostachys sikokianus (Makino) Nakai

뿌리줄기는 짧고 굵으며, 위쪽에서 잎과 줄기가 모여난다. 줄기는 꽃이 필 때 높이 10cm 가량이다. 잎은 다육질이고, 선형 또는 좁은 도피침형, 길이 7~15mm, 너비 1~2mm, 끝에 바늘 모양의 돌기가 있다. 꽃은 취산 꽃차례로 피며, 흰색 또는 붉은빛이 도는 흰색이다. 꽃받침은 5갈래이며, 갈래는 긴 타원형이다. 꽃잎은 5장이고, 둥근 피침형, 길이 5~6mm이다. 열매는 골돌, 난형이다.

1	2	3	4	5	6	7	8	9	10	11	12

1987. 10. 25. 제주도

연화바위솔 돌나물과

Orostachys iwarenge (Makino) H. Hara

꽃이 피고 나면 죽는다. 뿌리줄기는 굵다. 줄기는 곧추서며, 꽃이 필 때의 높이는 5~20cm이다. 잎은 다육질이며, 흰빛이 도는 녹색이고, 긴 타원상 주걱형, 길이 3~7cm, 너비 0.7~2.8cm, 끝이 둥글다. 꽃은 줄기 끝에 이삭 꽃차례로 빽빽하게 달리며, 흰색이다. 꽃받침은 5갈래이고, 갈래는 피침형이며, 녹색이다. 꽃잎은 도피침형이고, 길이 5~7mm이다. 꽃밥은 연한 노란색이다. 암술대는 짧다. 열매는 골돌이다.

1 2 3 4 5 6 7 8 9 10 11 12

- 분포 / 제주도, 울릉도
- 생육지 / 바닷가 바위틈
- 출현 빈도 / 드묾
- 생활형 / 여러해살이풀
- 개화기 / 9월 중순~11월 초순
- 결실기 / 10~12월
- 참고 / 꽃 피기 전의 잎 모양이 연꽃을 닮았다 하여 이 같은 이름이 붙여졌다. 일본 특산 식물로 알려져 오다가 뒤늦게 우리 나라에서도 발견되었다.

1998. 11. 9. 제주도

- 분포 / 전국
- 생육지 / 산, 바닷가의 바위 곁
- 출현 빈도 / 비교적 흔함
- 생활형 / 여러해살이풀
- 개화기 / 9월 초순~11월 중순
- 결실기 / 10~12월
- 참고 / 우리말 뜻은 '바위에 자라는 소나무를 닮은 풀'이며, 기와 지붕 위에 많이 나므로 '와송(瓦松)'이라고도 한다.

바위솔 돌나물과

Orostachys japonicus (Maxim.) A. Berger

꽃이 피고 나면 죽는다. 줄기는 꽃이 필 때 높이 10~40cm이다. 뿌리잎은 로제트형으로 퍼지며, 끝이 딱딱해져서 가시처럼 된다. 줄기잎은 다닥다닥 달리며, 녹색이지만 종종 붉은빛을 띤다. 잎자루는 없다. 꽃은 줄기 끝에 길이 5~30cm의 총상 꽃차례로 달리며, 흰색이다. 꽃자루는 없다. 꽃받침은 5갈래이고, 피침형이다. 꽃잎은 5장이며, 피침형이고, 길이 5~6mm이다. 열매는 골돌이다.

1 2 3 4 5 6 7 8 9 10 11 12

1997. 9. 28. 설악산

둥근바위솔 돌나물과

Orostachys malacophylla (Pall.) Fisch.

꽃이 피고 나면 죽는다. 뿌리줄기는 짧고 굵다. 줄기는 꽃이 필 때 높이 20~30cm이다. 잎은 다육질이며, 연한 녹색, 뿌리에서 여러 장이 모여나거나 줄기에 어긋나고, 타원형, 길이 1.5~7.0cm, 너비 1~3cm, 끝이 둥글다. 꽃은 5~20cm의 총상 꽃차례에 빽빽하게 달리며, 흰색이다. 꽃잎은 5장, 긴 타원형이고, 길이 4~6mm이다. 수술대는 흰색, 꽃밥은 붉은색이다. 열매는 골돌, 5개씩 달린다.

1 2 3 4 5 6 7 8 9 10 11 12

- 분포 / 전국
- 생육지 / 산, 바닷가의 숲 속
- 출현 빈도 / 비교적 흔함
- 생활형 / 여러해살이풀
- 개화기 / 9월 중순~11월 중순
- 결실기 / 10~12월
- 참고 / '바위솔'에 비해서 잎이 크고 둥글므로 이 같은 이름이 붙여졌다. 일본, 중국, 몽골, 러시아 등지에 널리 분포한다.

1992. 10. 21. 경상북도 청량산

좀바위솔 | 돌나물과

Orostachys minuta (Kom.) A. Berger

- 분포 / 제주도를 제외한 전국
- 생육지 / 산의 바위 곁
- 출현 빈도 / 드묾
- 생활형 / 여러해살이풀
- 개화기 / 9월 초순~10월 하순
- 결실기 / 10~11월
- 참고 / 우리 나라와 중국 동베이 지방에만 자라는, 분포 범위가 좁은 희귀 식물이다.

전체가 연한 붉은빛을 띤다. 줄기는 꽃이 필 때 높이 10~15cm이다. 잎은 다육질이고, 뿌리에서 모여나거나 줄기에 붙으며, 둥글고 좁은 타원형이다. 아래쪽 잎의 끝에는 손톱 모양의 부속체가 있다. 꽃은 길이 3~5cm의 이삭 꽃차례에 빽빽하게 달리며, 분홍색 또는 흰색이다. 꽃자루는 보통 없다. 꽃받침은 5갈래로 갈라진다. 꽃잎은 5장이고, 긴 타원형이다. 열매는 골돌, 긴 타원형이다.

1	2	3	4	5	6	7	8	9	10	11	12

2003. 10. 12. 경상북도 황금산

물매화풀 범의귀과

Parnassia palustris L. var. *multiseta* Ledeb.

꽃줄기는 뿌리에서 여러 대가 나며, 높이 20~40cm이다. 뿌리잎은 잎자루가 길고, 둥근 심장형, 길이와 너비가 2~4cm이다. 줄기잎은 보통 1장이며, 밑이 줄기를 반쯤 감싼다. 꽃은 꽃줄기 끝에서 1개씩 피며, 흰색, 지름 2~3cm이다. 꽃받침은 5장이며, 녹색이다. 꽃잎은 5장이고, 둥근 난형이다. 수술은 5개이다. 헛수술은 5개이며, 12~22갈래로 실처럼 갈라지고, 갈래 끝에 노란 꿀샘이 있다. 열매는 삭과이다.

1 2 3 4 5 6 7 8 9 10 11 12

- 분포 / 전국
- 생육지 / 산과 들의 습기가 많은 풀밭
- 출현 빈도 / 비교적 드묾
- 생활형 / 여러해살이풀
- 개화기 / 7월 초순~10월 초순
- 결실기 / 9~11월
- 참고 / 꽃잎의 수와 색깔이 매실나무의 꽃인 매화를 닮았다 하여 이 같은 이름이 붙여졌다.

1997. 8. 29. 강원도 대암산

- 분포 / 전국
- 생육지 / 높은 산의 습한 바위 겉
- 출현 빈도 / 비교적 드묾
- 생활형 / 여러해살이풀
- 개화기 / 7월 초순~10월 초순
- 결실기 / 9~11월
- 참고 / 꽃잎 5장 가운데 아래쪽 2장이 특히 길어서 전체가 큰 대(大) 자 모양이 된다.

바위떡풀 범의귀과

Saxifraga fortunei Hook. fil. var. *incisolobata* (Engl. et Irmsch.) Nakai

줄기는 없다. 잎은 뿌리에서 나며, 둥글거나 둥근 신장형, 길이 3~13cm, 너비 4~15cm, 가장자리가 얕게 갈라진다. 잎자루는 길이 5~25cm이며, 길고 거친 털이 있다. 꽃줄기는 높이 5~35cm이고, 녹색 또는 붉은색을 띤다. 꽃은 원추상 취산 꽃차례로 피며, 흰색 또는 붉은빛이 도는 흰색이다. 꽃잎은 5장이며, 위쪽 3장은 길이 3~4mm, 아래쪽 2장은 길이 5~15mm이다. 수술은 10개이다. 열매는 삭과이다.

1	2	3	4	5	6	7	8	9	10	11	12

2002. 9. 29. 전라남도 가거도

겨울딸기 장미과

Rubus buergeri Miq.

줄기는 높이 20~30cm이며, 갈색 털이 많고, 가시가 있거나 없다. 기는줄기는 2m에 이르며, 끝에서 새싹이 나온다. 잎은 어긋나며, 홑잎, 둥글고, 길이와 너비 5~10cm, 밑은 심장형, 가장자리가 얕게 3~5갈래로 갈라진다. 꽃은 가지 끝이나 잎겨드랑이에 원추 꽃차례로 피며, 흰색이고, 지름 7~10mm이다. 꽃받침잎은 5장이고, 피침형이며, 길이 7~9mm이다. 꽃잎은 5장, 길이 7~8mm이다. 열매는 집합과, 붉게 익는다.

1 2 3 4 5 6 7 8 9 10 11 12

- 분포 / 제주도, 전라남도 가거도
- 생육지 / 숲 속
- 출현 빈도 / 비교적 드묾
- 생활형 / 늘푸른떨기나무
- 개화기 / 8월 중순~10월 하순
- 결실기 / 12월~다음 해 1월
- 참고 / 열매가 겨울철에 익으므로 이 같은 이름이 붙여졌다.

1999. 9. 5. 강원도 양양

흰색 꽃

- 분포 / 중부 이북
- 생육지 / 습기가 많은 숲 속
- 출현 빈도 / 비교적 드묾
- 생활형 / 여러해살이풀
- 개화기 / 8월 초순~10월 중순
- 결실기 / 9~10월
- 참고 / '오이풀'에 비해서 꽃차례가 길고 작은잎도 더 크므로 구분된다.

긴오이풀 장미과

Sanguisorba longifolia Bertol.

줄기는 가지가 갈라지며, 높이 80~100cm이다. 잎은 어긋나며, 작은잎 5~9장으로 된 깃꼴겹잎이다. 작은잎은 선상 긴 타원형이며, 길이 8~10cm, 너비 0.8~1.0cm, 가장자리에 톱니가 있다. 꽃은 가지 끝에 이삭 꽃차례로 빽빽하게 달리며, 붉은색이고, 위에서부터 피기 시작하여 아래로 내려온다. 꽃차례는 길이 3~4cm이다. 꽃받침은 4갈래로 갈라지며, 난형이고, 끝이 뾰족하다. 꽃잎은 없다. 열매는 수과이다.

1	2	3	4	5	6	7	8	9	10	11	12

1999. 8. 12. 강원도 함백산

오이풀 장미과

Sanguisorba officinalis L.

뿌리줄기는 굵으며, 방추형이다. 줄기는 곧추서며, 가지가 갈라지고, 높이 30~150cm이다. 잎은 어긋나며, 작은잎 3~13장으로 이루어진 홀수 깃꼴겹잎이다. 뿌리잎은 여러 장이며, 잎자루가 길고, 보통 턱잎이 있다. 작은잎은 긴 타원형 또는 타원형이며, 길이 3~5cm, 너비 1~4cm, 끝이 둥글다. 꽃은 이삭 꽃차례로 빽빽하게 달리며, 진한 붉은색 또는 드물게 흰색이다. 꽃차례는 곧추서며, 길이 1~2cm이다. 꽃잎은 없다. 열매는 수과이다.

1 2 3 4 5 6 7 8 9 10 11 12

- 분포 / 전국
- 생육지 / 산과 들
- 출현 빈도 / 흔함
- 생활형 / 여러해살이풀
- 개화기 / 7월 초순~9월 중순
- 결실기 / 9~10월
- 참고 / 잎에서 오이 냄새가 난다 하여 이 같은 이름이 붙여졌다.

1996. 9. 3. 백두산

- 분포 / 북부 지방
- 생육지 / 높은 산 숲 속
- 출현 빈도 / 비교적 드묾
- 생활형 / 여러해살이풀
- 개화기 / 8월 초순~9월 하순
- 결실기 / 9~10월
- 참고 / 북부 지방에만 분포하며, 꽃은 순백색이다.

가는오이풀 장미과

Sanguisorba tenuifolia Fisch. var. *parviflora* Maxim.

뿌리줄기는 굵다. 줄기는 가지가 갈라지고, 높이 50~120cm이다. 뿌리잎은 홀수 깃꼴겹잎이다. 작은잎은 3~7쌍이며, 잎자루가 보통 없고, 좁고 긴 피침형, 가장자리에 톱니가 있다. 꽃은 이삭 꽃차례로 달리며, 흰색이다. 꽃차례는 옆이나 밑을 향하며, 길이 3~9cm이다. 수술은 꽃받침 밖으로 길게 나오며, 꽃밥은 흰색이다. 암술은 1개이며, 꽃받침에 싸여 있다. 열매는 수과이다.

1 2 3 4 5 6 7 8 9 10 11 12

꽃

2003. 8. 14. 강원도 사명산

새콩 | 콩과

Amphicarpaea trisperma (Miq.) Bak. ex B. D. Jacks.

전체에 밑을 향한 퍼진 털이 난다. 줄기는 다른 물체를 감고 올라가며, 길이 100~250 cm이다. 잎은 어긋나며, 작은잎 3장으로 된 겹잎이다. 가운데 작은잎은 난형으로 길이 3~6cm, 너비 2.5~4.0cm이다. 턱잎은 좁은 난형이고, 끝까지 붙어 있다. 꽃은 잎겨드랑이에 총상 꽃차례로 피며, 연한 자주색이다. 꽃받침은 5갈래로 갈라진다. 화관은 나비 모양이며, 길이 1.5~2.0cm이다. 열매는 협과이다.

1 2 3 4 5 6 7 8 9 10 11 12

- 분포 / 전국
- 생육지 / 들
- 출현 빈도 / 흔함
- 생활형 / 덩굴성 한해살이풀
- 개화기 / 8월 중순~9월 하순
- 결실기 / 10~11월
- 참고 / '돌콩'과 달리 잎이 타원상 피침형이 아니라 난형으로 더 둥글므로 구분된다.

2001. 9. 23. 제주도

꽃

- 분포 / 제주도, 북부 지방
- 생육지 / 산의 풀밭
- 출현 빈도 / 드묾
- 생활형 / 여러해살이풀
- 개화기 / 8월 초순~9월 중순
- 결실기 / 9~10월
- 참고 / 함경북도 이북과 중국 둥베이 지방, 아무르, 몽골, 시베리아 등지에 자라는 북방계 식물이지만 제주도 중산간에도 자란다.

자주개황기

콩과

Astragalus adsurgens Pall.

줄기는 여러 대가 모여나며, 아래쪽이 비스듬히 서고, 길이 20~80cm이다. 잎은 어긋나며, 작은잎 11~21장으로 된 깃꼴겹잎이다. 작은잎은 긴 타원형이고, 길이 7~20mm, 너비 4~10mm, 가장자리가 밋밋하다. 잎 뒷면은 맥 위에 털이 난다. 꽃은 잎겨드랑이에 총상꽃차례로 피며, 자주색이다. 꽃받침은 길이 5~6mm이며, 갈래는 선형으로 통 부분의 절반 길이이다. 열매는 협과이다.

1	2	3	4	5	6	7	8	9	10	11	12

1983. 9. 23. 충청북도 월악산

차풀 콩과

Cassia nomame (Siebold) Honda

줄기는 단단하고, 가지가 갈라지며, 높이 30~60cm, 겉에 굽은 털이 많다. 잎은 어긋나며, 작은잎 30~70장으로 이루어진 깃꼴겹잎이다. 작은잎은 피침형이고, 길이 6~10mm이다. 턱잎은 바늘 모양이다. 꽃은 잎겨드랑이에 난 꽃대에 1~2개가 달리며, 노란색이고, 나비 모양이 아니다. 꽃잎은 5장이고, 도란형, 꽃받침과 길이가 비슷하다. 열매는 협과, 납작하고 긴 타원형이며, 길이 2.5~5.0cm이다.

1	2	3	4	5	6	7	8	9	10	11	12

- 분포 / 전국
- 생육지 / 들
- 출현 빈도 / 흔함
- 생활형 / 한해살이풀
- 개화기 / 8월 초순~10월 하순
- 결실기 / 9~11월
- 참고 / '자귀풀(*Aeschynomene indica* L.)'과 달리 꽃이 나비 모양이 아니며, 줄기의 속이 꽉 차 있으므로 구분된다.

1988. 9. 5. 서울 관악산

- 분포 / 전국
- 생육지 / 들
- 출현 빈도 / 흔함
- 생활형 / 한해살이풀
- 개화기 / 7월 중순~9월 하순
- 결실기 / 9~10월
- 참고 / 우리 나라에 자생하는 콩과 식물 가운데 유일하게 홑잎을 가진 식물이다.

활나물 | 콩과

Crotalaria sessiliflora L.

줄기는 곧추서며, 위를 향한 털이 나고, 높이 20~60cm이다. 잎은 어긋나며, 홑잎이고, 피침형, 길이 4~10cm, 너비 0.3~1.0cm, 가장자리에 털이 난다. 잎자루는 거의 없다. 꽃은 가지 끝과 잎겨드랑이에 2~20개씩 총상꽃차례로 피며, 보라색이다. 꽃받침은 갈색 털이 많고, 길이 1.0~1.4cm이며, 2갈래로 갈라진다. 꽃잎은 꽃받침과 길이가 비슷하다. 열매는 협과, 긴 타원형이다.

1 2 3 4 5 6 7 8 9 10 11 12

1995. 8. 30. 제주도

여우팥 | 콩과

Dunbaria villosa (Thunb.) Makino

줄기는 다른 물체를 감고 올라가며, 길이 50~200cm이다. 잎은 어긋나며, 작은잎 3장으로 된 겹잎이고, 뒷면에 붉은 갈색 샘점이 있다. 가운데 작은잎은 난상 마름모꼴이며, 길이와 너비가 각각 1.5~3.0cm이고, 가장자리가 밋밋하다. 꽃은 잎겨드랑이에 총상 꽃차례로 3~8개씩 피며, 노란색, 나비 모양, 길이와 너비가 각각 1.5~1.8cm이다. 열매는 협과, 납작한 선형이며, 씨가 3~8개 들어 있다.

1	2	3	4	5	6	7	8	9	10	11	12

- 분포 / 남부 지방
- 생육지 / 산과 들
- 출현 빈도 / 흔함
- 생활형 / 덩굴성 여러해살이풀
- 개화기 / 8월 초순~9월 중순
- 결실기 / 9~10월
- 참고 / 꽃의 너비가 넓어서 길이와 비슷하고, 잎이 마름모꼴이므로 비슷한 식물들과 구분된다.

꽃

2003. 8. 12. 강원도 사명산

- 분포 / 전국
- 생육지 / 들
- 출현 빈도 / 흔함
- 생활형 / 덩굴성 한해살이풀
- 개화기 / 7월 중순~9월 중순
- 결실기 / 9~11월
- 참고 / 콩의 원종으로 추정되는 식물이다. '새콩'에 비해서 잎이 더 길고, 꽃은 붉은빛이 더 진하다.

돌콩 | 콩과

Glycine soja Siebold et Zucc.

전체에 밑을 향한 갈색 털이 난다. 줄기는 다른 물체를 감고 올라가며, 길이 100~250cm이다. 잎은 어긋나며, 작은잎 3장으로 된 겹잎이다. 작은잎은 타원상 피침형이며, 길이 3~8cm, 너비 0.8~2.5cm, 가장자리가 밋밋하다. 꽃은 잎겨드랑이에 총상 꽃차례로 피며, 연붉은 자주색이다. 꽃받침은 종 모양이며, 5갈래로 갈라진다. 화관은 나비 모양이고, 길이는 6mm 가량이다. 열매는 협과, 길이 2~3cm이다.

1	2	3	4	5	6	7	8	9	10	11	12

1999. 9. 5. 강원도 속초

비수리 콩과

Lespedeza cuneata (Dum. Cours.) G. Don

줄기는 높이 60~100cm, 나무의 성질이 조금 있다. 잎은 어긋나며, 작은잎 3장으로 된 겹잎이다. 작은잎은 선상 도피침형, 길이 7~25mm, 너비 2~4mm, 끝이 둥글거나 오목하고, 가장자리가 밋밋하다. 꽃은 잎겨드랑이에 2~4개씩 모여 피며, 흰색 또는 자줏빛이 도는 흰색이고, 길이 6~7mm이다. 꽃받침은 끝까지 갈라진다. 꽃잎 기판에는 붉은 자주색 반점이 있다. 열매는 협과, 넓은 난형이다.

1	2	3	4	5	6	7	8	9	10	11	12

- 분포 / 전국
- 생육지 / 들
- 출현 빈도 / 비교적 흔함
- 생활형 / 여러해살이풀
- 개화기 / 7월 하순~9월 중순
- 결실기 / 9~10월
- 참고 / 일본, 인도, 타이완, 중국, 오스트레일리아 등지에 분포하는 남방계 식물이며, 줄기는 광주리를 만드는 데 쓴다.

1997. 9. 1. 전라남도 백암산

- 분포 / 중부 이남
- 생육지 / 산과 들
- 출현 빈도 / 비교적 흔함
- 생활형 / 여러해살이풀
- 개화기 / 8월 초순~10월 중순
- 결실기 / 9~11월
- 참고 / 이질을 치료하는 데 사용한다 하여 이 같은 이름이 붙여졌다. '쥐손이풀(*G. sibiricum* L.)'과 달리 꽃대에 꽃이 2개씩 달린다.

이질풀 　쥐손이풀과

Geranium thunbergii Siebold et Zucc.

뿌리는 여러 갈래로 갈라진다. 줄기는 비스듬하거나 누워 자라며, 퍼진 털이 많고, 길이 30~70cm이다. 잎은 마주나며, 손바닥 모양이고, 지름 3~7cm이다. 잎 앞면에는 누운 털이 있고 뒷면에는 맥 위에 털이 난다. 꽃은 잎겨드랑이에서 난 꽃대에 2개씩 피며, 붉은색 또는 흰색, 지름 1.0~1.5cm이다. 꽃받침잎과 꽃잎은 5장씩이다. 열매는 삭과, 5갈래로 갈라지고, 씨가 5개씩 들어 있다.

1	2	3	4	5	6	7	8	9	10	11	12

1997. 9. 1. 전라남도 백암산

세잎쥐손이 | 쥐손이풀과

Geranium wilfordii Maxim.

뿌리는 몇 개로 갈라진다. 줄기는 아래쪽이 옆으로 눕고, 마디가 굵으며, 높이 30~80cm, 털이 많다. 잎은 마주나며, 5갈래로 갈라지는 아래쪽 잎을 제외한 잎은 3갈래로 깊게 갈라지고, 가장자리에 불규칙한 톱니가 있다. 꽃은 잎겨드랑이에서 난 꽃대에 2개씩 피며, 연한 붉은색이고, 지름 1.0~1.5cm이다. 꽃잎은 5장이고, 붉은 줄이 있다. 열매는 삭과, 길이 2cm 가량이며, 5갈래로 갈라진다.

1 2 3 4 5 6 7 8 9 10 11 12

- 분포 / 전국
- 생육지 / 산과 들
- 출현 빈도 / 비교적 흔함
- 생활형 / 여러해살이풀
- 개화기 / 8월 초순~10월 초순
- 결실기 / 9~11월
- 참고 / 잎이 3갈래로 깊게 갈라져 작은잎 3장으로 된 것처럼 보이므로 이 같은 이름이 붙여졌다.

개아마 | 아마과

Linum stelleroides Planch.

줄기는 곧추서며, 가지가 갈라지고, 높이 40~60cm이다. 잎은 어긋나며, 빽빽하게 붙고, 넓은 선형, 길이 1~3cm, 너비 0.2~0.4cm, 가장자리가 밋밋하다. 잎 밑은 좁아져서 줄기에 붙는다. 꽃은 위쪽 잎겨드랑이에서 피어 전체가 총상 꽃차례처럼 되며, 연한 붉은색이다. 꽃받침 조각은 타원형이고, 가장자리에 검은 샘점이 있다. 꽃잎은 도란형, 길이 5~8mm이다. 열매는 삭과, 둥글다.

1	2	3	4	5	6
7	8	9	10	11	12

- 분포 / 중부 이북
- 생육지 / 산과 들
- 출현 빈도 / 드묾
- 생활형 / 한해살이풀
- 개화기 / 8월 중순~10월 하순
- 결실기 / 10~11월
- 참고 / 단양, 제천, 영월, 평창 등지의 석회암 지대에서 볼 수 있다.

1997. 8. 30. 경상북도 황금산

2003. 9. 20. 경기도 분당

깨풀 대극과

Acalypha australis L.

줄기는 가지가 갈라지며, 높이 30~50cm, 짧은 털이 난다. 잎은 어긋나며, 난형 또는 넓은 피침형, 길이 3~8cm, 너비 1.5~3.5cm, 끝이 뾰족하고, 가장자리에 톱니가 있다. 꽃은 암수 한포기로 피며, 잎겨드랑이에서 꽃차례가 나와 위쪽에는 수꽃, 아래쪽에는 암꽃이 달린다. 포는 잎 모양이고, 삼각상 난형, 암꽃을 둘러싼다. 수꽃은 꽃받침이 4갈래, 암꽃은 꽃받침이 3갈래로 갈라진다. 열매는 삭과이다.

1 2 3 4 5 6 7 8 9 10 11 12

- 분포 / 전국
- 생육지 / 밭이나 길가
- 출현 빈도 / 흔함
- 생활형 / 한해살이풀
- 개화기 / 8월 중순~10월 초순
- 결실기 / 9~10월
- 참고 / 아시아에 널리 분포하며, 우리 나라에서는 저지대에 흔하게 자라는 잡초이다.

2003. 10. 21. 강원도 영월

- 분포 / 중부 이북
- 생육지 / 산과 들의 양지바른 곳
- 출현 빈도 / 드묾
- 생활형 / 한해살이풀
- 개화기 / 8월 초순~10월 중순
- 결실기 / 9~11월
- 참고 / 석회암 지대에서는 비교적 흔하게 볼 수 있다.

병아리풀 원지과

Polygala tatarinowii Regel

줄기는 밑에서 갈라지며, 높이 5~15cm이다. 잎은 어긋나며, 둥근 난형이고, 길이 1~3cm, 너비 0.8~1.5cm, 가장자리가 밋밋하다. 잎자루는 짧다. 꽃은 가지 끝에 총상 꽃차례로 드문드문 달리며, 분홍색 또는 붉은 보라색이다. 꽃자루는 길이 1~2mm이다. 꽃받침잎은 5장이고, 꽃이 핀 뒤에 일찍 떨어진다. 꽃잎은 3장이다. 수술은 8개이다. 열매는 삭과, 납작한 원형이며, 가장자리에 날개가 거의 없다.

1	2	3	4	5	6	7	8	9	10	11	12

꽃

2003. 10. 29. 전라남도 거문도

처진물봉선

물봉선과

Impatiens hypophylla Makino var. *koreana* Nakai

줄기는 가지가 갈라지며, 높이 30~80cm, 마디가 굵어진다. 잎은 어긋나며, 넓은 피침형, 길이 4~13cm, 너비 2~5cm, 가장자리에 톱니가 있다. 잎 앞면에는 털이 없다. 꽃은 잎겨드랑이에서 나서 잎 아래쪽에 붙는 총상 꽃차례로 2~5개씩 밑으로 처져 달리며, 분홍빛이 도는 상아색, 길이 1.5~2.5cm이다. 입술꽃잎은 2갈래로 갈라지고, 분홍색이다. 거(距)는 끝이 구부러지지만 둥글게 말리지는 않는다. 열매는 삭과이다.

1 2 3 4 5 6 7 8 9 10 11 12

- 분포 / 남해안 섬
- 생육지 / 습기가 많은 곳
- 출현 빈도 / 드묾
- 생활형 / 한해살이풀
- 개화기 / 8월 초순~10월 중순
- 결실기 / 9~11월
- 참고 / 한국 특산 식물로서 '거제물봉선'과 같은 것이다. 기본종은 일본에 분포하며, 잎과 꽃자루에 흰 털이 많다.

1998. 7. 22. 강원도 점봉산

꽃

- 분포 / 제주도를 제외한 전국
- 생육지 / 산의 습한 곳
- 출현 빈도 / 흔함
- 생활형 / 한해살이풀
- 개화기 / 7월 하순~10월 초순
- 결실기 / 9~10월
- 참고 / 울릉도 등지에 자라며, 꽃이 연한 노란색인 것을 품종인 '미색물봉선'으로 구분하기도 한다.

노랑물봉선 물봉선과

Impatiens noli-tangere L.

전체가 연약하고 털이 없다. 줄기는 곧추서며, 가지가 갈라지고, 높이 40~80cm이다. 잎은 어긋나며, 난형 또는 타원형, 길이 5~10 cm, 너비 2~5cm, 가장자리에 잔 톱니가 있다. 꽃은 잎겨드랑이에 총상 꽃차례로 1~5개씩 달리며, 노란색이고, 길이 3~4cm 가량이다. 꽃자루는 2~3cm이고, 잎 밑으로 처진다. 거(距)는 끝이 구부러지며, 길이는 2cm 가량이다. 열매는 삭과, 익으면 저절로 터진다.

1 2 3 4 5 6 7 8 9 10 11 12

1990. 9. 9. 설악산

물봉선

물봉선과

Impatiens textori Miq.

줄기는 물기가 많고, 마디가 볼록하며, 높이 40~80cm이다. 잎은 어긋나지만 위쪽에서는 거의 돌려나며, 난형 또는 넓은 피침형, 길이 6~15cm, 너비 3~7cm, 가장자리에 톱니가 있다. 꽃은 가지 끝과 위쪽 잎겨드랑이에 4~10개씩 총상 꽃차례로 달리며, 붉은 보라색 또는 흰색, 길이 3~4cm이다. 꽃자루는 길이 1~2cm이다. 열매는 삭과, 익으면 저절로 터진다.

1 2 3 4 5 6 7 8 9 10 11 12

- 분포 / 전국
- 생육지 / 산과 들
- 출현 빈도 / 흔함
- 생활형 / 한해살이풀
- 개화기 / 7월 중순~10월 중순
- 결실기 / 9~11월
- 참고 / 줄기는 붉은빛을 띨 때가 많다. 꽃 뒤쪽에 뿔처럼 나온 거(距)의 끝이 둥그렇게 말린다.

2003. 10. 28. 전라남도 거문도

상동나무 갈매나무과

Sagеretia theezans (L.) Brongn.

줄기는 비스듬히 눕거나 다른 물체를 타고 올라가며, 길이 2~4m, 가지 끝이 가시로 된다. 잎은 어긋나며, 가죽질이고, 타원형 또는 넓은 난형, 길이 2~3cm, 너비 1.0~1.5cm, 가장자리에 잔 톱니가 있다. 꽃은 잎겨드랑이에 이삭 꽃차례로 달리며, 노란빛이 도는 녹색이고, 지름 3~4mm이다. 꽃잎과 꽃받침잎은 5장씩이며, 꽃잎이 꽃받침잎보다 훨씬 짧다. 열매는 핵과이다.

- 분포 / 제주도, 남해안 섬
- 생육지 / 숲 속, 숲 가장자리
- 출현 빈도 / 비교적 드묾
- 생활형 / 갈잎떨기나무
- 개화기 / 10월 초순~11월 중순
- 결실기 / 다음 해 4~5월
- 참고 / 겨울에도 몇몇 잎은 떨어지지 않고 남아 있다. 열매는 검게 익으며, 맛이 좋다.

1	2	3	4	5	6	7	8	9	10	11	12

1997. 9. 2. 전라남도 백암산

수까치깨 벽오동과

Corchoropsis tomentosa (Thunb.) Makino

전체에 별 모양의 털이 많다. 줄기는 둥글고, 곧추서며, 높이 20~70cm이다. 잎은 어긋나며, 난형, 길이 4~8cm, 너비 2~5cm, 가장자리에 둔한 톱니가 있다. 꽃은 잎겨드랑이에 난 꽃자루 끝에 1개씩 달리며, 노란색, 지름 1~2cm이다. 꽃받침잎은 5장이며, 뒤로 젖혀진다. 꽃잎은 5장이며, 도란형이고, 길이 7~10mm이다. 열매는 삭과, 아래쪽을 향하며, 겉에 별 모양의 털이 난다.

1 2 3 4 5 6 7 8 9 10 11 12

- 분포 / 중부 이남
- 생육지 / 산과 들
- 출현 빈도 / 흔함
- 생활형 / 한해살이풀
- 개화기 / 8월 중순~9월 하순
- 결실기 / 9~10월
- 참고 / 비슷한 종인 '까치깨(*C. psilocarpa* Harms et Loes.)'는 줄기에 옆으로 퍼진 긴 털이 나고, 꽃의 지름이 6mm 가량으로 작다.

1997. 3. 26. 제주도 열매

- 분포 / 중부 및 남부 해안
- 생육지 / 바닷가 근처
- 출현 빈도 / 흔함
- 생활형 / 늘푸른덩굴나무
- 개화기 / 9월 초순~10월 중순
- 결실기 / 다음 해 4~5월
- 참고 / 열매는 길이 1.5~1.7cm이며, 잘 익으면 맛이 좋다.

보리밥나무 보리수나무과

Elaeagnus macrophylla Thunb.

줄기는 비스듬히 자라거나 나무를 타고 올라가며, 길이 3~8m이다. 햇가지는 은백색과 갈색의 별 모양의 털이 난다. 잎은 어긋나며, 가죽질이고, 넓은 난형, 길이 5~10cm, 너비 4~6cm, 가장자리가 밋밋하다. 꽃은 잎겨드랑이에 몇 개씩 달리며, 은백색이다. 꽃받침은 꽃잎처럼 보이며, 끝이 4갈래로 갈라지는데, 통 부분이 갈래 부분과 길이가 비슷하다. 열매는 핵과, 타원형이며, 붉게 익는다.

1	2	3	4	5	6	7	8	9	10	11	12

열매

2003. 10. 29. 전라남도 거문도

돌외 박과

Gynostemma pentaphyllum (Thunb.) Makino

줄기는 길게 덩굴져서 다른 물체를 감고 올라가며, 길이 2~4m, 마디에 흰 털이 난다. 덩굴손이 발달한다. 잎은 어긋나며, 손바닥 모양의 겹잎이다. 가운데 작은잎은 난상 피침형이며, 끝이 뾰족하고, 가장자리에 톱니가 있다. 꽃은 암수 딴포기로 피며, 길이 8~15cm의 원추 꽃차례로 달리고, 노란빛이 도는 녹색이다. 화관은 5갈래로 갈라진다. 열매는 장과, 녹색빛이 도는 검은색으로 익는다.

1	2	3	4	5	6	7	8	9	10	11	12

- 분포 / 울릉도, 남부 지방
- 생육지 / 숲 가장자리
- 출현 빈도 / 비교적 흔함
- 생활형 / 덩굴성 여러해살이풀
- 개화기 / 8월 중순~10월 하순
- 결실기 / 10~11월
- 참고 / 사포닌 성분이 있어서 줄기와 잎으로 차를 끓여 마시는데, '덩굴차'라고 한다. 여러 가지 성인병에 좋다고 한다.

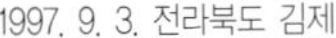
1997. 9. 3. 전라북도 김제

- 분포 / 전국
- 생육지 / 연못
- 출현 빈도 / 흔함
- 생활형 / 한해살이물풀
- 개화기 / 8월 중순~9월 중순
- 결실기 / 9~10월
- 참고 / 까만 열매 속에 들어 있는 흰색 녹말은 먹을 수 있다.

마름

마름과

Trapa japonica Flerov

줄기는 가늘고 길다. 물 속의 잎은 가늘게 갈라진다. 물 위에 뜬 잎은 줄기 위쪽에 모여 나며, 난상 마름모꼴이고, 길이 3~4cm, 너비 3~5cm이다. 잎자루는 길이 8~14cm, 연한 털과 공기 주머니가 있다. 꽃은 잎겨드랑이에서 나온 꽃자루 끝에 1개씩 달리며, 흰색이고, 지름 1cm 가량이다. 꽃받침잎과 꽃잎은 각각 4장이다. 열매는 핵과, 납작한 역삼각형이며, 양쪽에 길이 1.2~1.6cm의 뿔이 있다.

1	2	3	4	5	6	7	8	9	10	11	12

1997. 8. 15. 경기도 분당

여뀌바늘 | 바늘꽃과

Ludwigia prostrata Roxb.

줄기는 곧추서거나 비스듬히 서며, 가지가 많이 갈라지고, 높이 30~60cm, 붉은빛이 돈다. 잎은 어긋나며, 피침형이고, 길이 3~12cm, 너비 1~3cm, 양 끝이 좁다. 꽃은 잎겨드랑이에서 1개씩 피며, 노란색이고, 지름 1cm 가량이다. 꽃받침잎은 4장, 녹색이다. 꽃잎은 4장이다. 수술은 4개, 암술은 1개이며, 씨방에 누운 털이 난다. 열매는 삭과, 가는 원주형이고, 길이 1.5~3.0cm이다.

1 2 3 4 5 6 7 8 9 10 11 12

- 분포 / 전국
- 생육지 / 논이나 습지
- 출현 빈도 / 흔함
- 생활형 / 한해살이풀
- 개화기 / 8월 중순~9월 하순
- 결실기 / 9~11월
- 참고 / 잎은 '여뀌'를 닮았고, 열매는 바늘 모양이어서 이 같은 이름이 붙여졌다.

2002. 11. 5. 전라남도 진도

- 분포 / 울릉도 및 남부 지방
- 생육지 / 산기슭
- 출현 빈도 / 흔함(재배)
- 생활형 / 늘푸른떨기나무
- 개화기 / 10월 중순~12월 중순
- 결실기 / 다음 해 3~5월
- 참고 / 관상용으로 심어 기르는 것을 흔하게 볼 수 있다.

팔손이나무 두릅나무과

Fatsia japonica (Thunb.) Decne. et Planch.

줄기는 몇 대가 모여나며, 높이 2~3m이다. 잎은 줄기 끝에 모여 어긋나며, 손바닥 모양으로 7~9갈래로 갈라지고, 지름 20~40cm, 가장자리에 톱니가 있다. 잎 앞면은 짙은 녹색이고 뒷면은 노란빛이 도는 녹색이다. 꽃은 가지 끝에 산형 꽃차례가 모여서 된 원추꽃차례로 피며, 흰색이다. 꽃자루는 8~10mm이다. 꽃받침은 뚜렷하지 않다. 꽃잎은 5장이다. 열매는 장과, 검게 익는다.

1	2	3	4	5	6	7	8	9	10	11	12

열매

1995. 11. 1. 제주도

송악 두릅나무과

Hedera rhombea (Miq.) Bean

줄기는 공기뿌리〔氣根〕가 나서 바위나 다른 나무에 붙는다. 잎은 어긋나며, 가죽질이고, 난형, 길이 3~7cm, 너비 2~4cm, 가장자리가 밋밋하지만 얕게 갈라지기도 한다. 잎 앞면은 짙은 녹색이며 윤이 난다. 꽃은 햇가지 끝에 한 개 또는 여러 개가 취산 꽃차례를 이루어 달리며, 노란빛이 도는 녹색이다. 꽃받침잎, 꽃잎, 수술은 각각 5개이다. 열매는 핵과, 둥글며, 검게 익는다.

1	2	3	4	5	6	7	8	9	10	11	12

- 분포 / 남부 지방
- 생육지 / 숲 속 또는 숲 가장자리
- 출현 빈도 / 흔함
- 생활형 / 늘푸른덩굴나무
- 개화기 / 10월 초순~11월 하순
- 결실기 / 다음 해 3~5월
- 참고 / 울타리에 올리면 좋은 덩굴나무이다. 잎은 약재로 쓰인다.

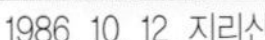

1986. 10. 12. 지리산

- 분포 / 전국
- 생육지 / 습기 많은 숲 속
- 출현 빈도 / 비교적 흔함
- 생활형 / 여러해살이풀
- 개화기 / 8월 초순~9월 중순
- 결실기 / 10월 초순~11월 중순
- 참고 / 어린잎은 먹을 수 있으며, 뿌리는 약재로 쓰거나 끓여 차로 마신다.

참당귀 산형과

Angelica gigas Nakai

뿌리는 굵고 향기가 강하다. 줄기는 곧추서며, 속이 비고, 높이 1~2m이다. 잎은 1~2회 3갈래로 갈라지는 깃꼴겹잎이다. 줄기 위쪽의 잎은 잎자루 아래쪽이 타원형으로 부풀고 줄기를 감싼다. 꽃은 자주색이며, 작은 산형 꽃차례 15~20개가 모여 겹산형 꽃차례를 이룬다. 작은 꽃대와 꽃자루 안쪽에 털이 많다. 작은 꽃차례의 포는 선상 피침형이고, 5~7장이다. 열매는 분과이다.

1	2	3	4	5	6	7	8	9	10	11	12

1994. 9. 25. 지리산

궁궁이

산형과

Angelica polymorpha Maxim.

줄기는 곧추서며, 위에서 가지가 갈라지고, 높이 80~150cm이다. 잎은 어긋나며, 3~4회 3갈래로 갈라지는 깃꼴겹잎이고, 삼각형 또는 삼각상 넓은 난형, 마지막 갈래의 끝은 짧게 뾰족하다. 꽃은 겹산형 꽃차례로 달리며, 흰색이다. 작은 산형 꽃차례는 20~40개이며, 작은 꽃대의 길이가 일정하지 않다. 작은 꽃대는 길이 4~6cm, 꽃자루는 길이 0.6~1.5cm이다. 열매는 분과, 납작한 타원형이다.

1 2 3 4 5 6 7 8 9 10 11 12

- 분포 / 전국
- 생육지 / 계곡 주변
- 출현 빈도 / 흔함
- 생활형 / 여러해살이풀
- 개화기 / 9월 초순~11월 초순
- 결실기 / 10~11월
- 참고 / 어린잎은 먹을 수 있다.

1987. 8. 23. 설악산

- 분포 / 제주도를 제외한 전국
- 생육지 / 높은 산 숲 속
- 출현 빈도 / 드묾
- 생활형 / 여러해살이풀
- 개화기 / 8월 중순~10월 중순
- 결실기 / 9~10월
- 참고 / 뿌리는 약재로 쓴다.

고본 산형과

Ligusticum tenuissimum (Nakai) Kitag.

전체에 털이 없고, 향기가 강하다. 줄기는 곧추서며, 높이 30~80cm이다. 잎은 어긋나며, 3회 깃꼴로 갈라지고, 가장자리가 밋밋하다. 잎자루는 위로 갈수록 짧아지며, 아래쪽이 줄기를 감싼다. 꽃은 가지 끝에 겹산형 꽃차례로 피며, 흰색이고 5수성이다. 작은 꽃차례는 15~20개, 꽃자루는 20~22개이다. 총포는 1장이며, 넓다. 꽃밥은 자주색이다. 열매는 분과이다.

1	2	3	4	5	6	7	8	9	10	11	12

2003. 10. 29. 전라남도 거문도

기름나물 | 산형과

Peucedanum terebinthaceum (Fisch.) Fisch.

뿌리줄기는 짧고, 위쪽에 섬유가 있다. 줄기는 곧추서며, 가지가 많이 갈라지고, 높이 30~90cm이다. 잎은 어긋나며, 깃꼴겹잎이다. 작은잎은 깃꼴로 잘게 갈라지며, 마지막 갈래는 피침형 또는 난상 피침형이다. 꽃은 줄기와 가지 끝에 겹산형 꽃차례로 피고, 흰색이다. 작은 꽃차례는 10~15개, 꽃이 20~30개씩 달린다. 총포는 없거나 1~2장이다. 열매는 분과, 넓은 타원형이다.

1 2 3 4 5 6 7 8 9 10 11 12

- 분포 / 전국
- 생육지 / 산과 들의 양지바른 곳
- 출현 빈도 / 비교적 흔함
- 생활형 / 여러해살이풀
- 개화기 / 7월 초순~9월 중순
- 결실기 / 9~10월
- 참고 / 어린잎은 먹을 수 있다. 잎과 줄기가 기름을 바른 것처럼 윤이 난다 하여 이 같은 이름이 붙여졌다.

2003. 8. 5. 백두산

- 분포 / 전국
- 생육지 / 높은 산 바위틈
- 출현 빈도 / 드묾
- 생활형 / 여러해살이풀
- 개화기 / 8월 중순~10월 중순
- 결실기 / 9~11월
- 참고 / 잎과 줄기에서 향기가 강하게 난다. 중국 둥베이 지방과 몽골 등지에도 분포하는 북방계 식물이다.

개회향 　산형과

Tilingia tachiroei (Franch. et Sav.) Kitag.

뿌리줄기는 짧고 굵으며, 뿌리는 굵고 길이 들어간다. 줄기는 곧추서며, 가지가 갈라지고, 높이 10~30cm이다. 뿌리잎은 길이 20 cm 가량이고, 줄기잎은 어긋나며 깃꼴겹잎이다. 꽃은 줄기와 가지 끝에 겹산형 꽃차례로 달리며, 흰색, 5수성이다. 작은 꽃차례는 5~10개, 작은 꽃대는 길이 1.5~2.5cm이다. 작은 꽃차례의 포는 선형이고, 꽃자루는 길이 3~6mm이다. 열매는 분과이다.

1	2	3	4	5	6	7	8	9	10	11	12

꽃

2002. 9. 18. 제주도

갯질경이 갯질경이과

Limonium tetragonum (Thunb.) Bullock

뿌리는 굵고 곧게 자란다. 꽃줄기는 높이 30~60cm이다. 잎은 모두 뿌리에서 모여나며, 긴 타원상 주걱 모양, 길이 8~15cm, 너비 1.5~3.0cm, 두껍고 윤기가 나며, 가장자리가 밋밋하다. 꽃은 잎 사이에서 난 꽃줄기의 가지 끝에 이삭 꽃차례로 달리며, 위쪽은 노란색이고 아래쪽은 흰색이다. 꽃받침은 통 모양이고, 끝이 5갈래로 갈라지며, 갈래는 길이 5~6mm이다. 화관은 5갈래로 갈라진다. 열매는 포과이다.

1	2	3	4	5	6	7	8	9	10	11	12

- 분포 / 전국
- 생육지 / 바닷가
- 출현 빈도 / 비교적 흔함
- 생활형 / 두해살이풀
- 개화기 / 9월 초순~10월 하순
- 결실기 / 10~11월
- 참고 / 잎이 '질경이'를 닮았고, 바닷가에서 자란다 하여 이 같은 이름이 붙여졌다. 하지만 질경이와는 유연 관계가 먼 식물이다.

2003. 10. 28. 전라남도 거문도

- 분포 / 남부 지방의 섬
- 생육지 / 바닷가 숲 속
- 출현 빈도 / 매우 드묾
- 생활형 / 늘푸른큰키나무
- 개화기 / 10월 중순~12월 하순
- 결실기 / 다음 해 5~6월
- 참고 / 멸종 위기 II급. 제주도와 거문도 등지에서만 발견된다.

박달목서 물푸레나무과

Osmanthus insularis Koidz.

전체에 털이 없다. 줄기는 높이 10~15m이고, 가지는 회색이다. 잎은 마주나며, 긴 타원형, 길이 7~13cm, 너비 2~5cm, 밑이 잎자루로 흐른다. 꽃은 암수 딴그루로 피며, 잎겨드랑이에서 난 꽃대 끝에 몇 개씩 달리거나 꽃대 없이 잎겨드랑이에 몇 개씩 달리고, 흰색, 지름 5~6mm이다. 꽃받침과 화관은 각각 4갈래로 갈라진다. 열매는 핵과, 타원형이며, 길이 1.5~2.0cm, 검게 익는다.

1	2	3	4	5	6	7	8	9	10	11	12

2004. 10. 10. 경상북도 황금산

큰벼룩아재비 마전과

Mitrasacme pygmaea R. Br.

전체에 가는 털이 난다. 줄기는 곧추서며, 높이 5~15cm이다. 잎은 마주나며, 주로 줄기 아래쪽에 몰려서 달리고, 긴 타원형, 길이 7~15mm, 너비 3~6mm, 희미한 맥이 3개 있다. 꽃은 줄기와 가지 끝에 3~5개씩 산형으로 달리며, 흰색이다. 꽃자루는 길이 1~4cm이다. 꽃받침은 4갈래로 갈라진다. 화관은 통 모양이며, 끝이 4갈래로 갈라진다. 수술은 4개이다. 열매는 삭과, 둥글다.

1 2 3 4 5 6 7 8 9 10 11 12

- 분포 / 중부 이남
- 생육지 / 습기가 있는 양지
- 출현 빈도 / 비교적 드묾
- 생활형 / 한해살이풀
- 개화기 / 8월 초순~10월 중순
- 결실기 / 9~11월
- 참고 / '벼룩아재비(*M. alsinoides* R. Br. var. *indica* (Wight) H. Hara)'에 비해서 잎이 줄기 아래쪽에 몰려서 나며, 잎몸이 훨씬 넓다.

1996. 8. 29. 백두산

- 분포 / 북부 지방
- 생육지 / 높은 산의 양지
- 출현 빈도 / 드묾
- 생활형 / 여러해살이풀
- 개화기 / 8월 초순~9월 중순
- 결실기 / 10~11월
- 참고 / 백두산에서는 해발 2000m 이상의 고지대에 자라며, 몽골, 시베리아 등지에도 자라는 북방계 식물이다.

산용담 용담과

Gentiana algida Pall.

땅속줄기는 짧고 가늘며 마디가 많다. 줄기는 뿌리에서 1~2대가 나와 곧추서며, 높이 10~25cm이다. 뿌리잎은 선상 도피침형 또는 넓은 선형이다. 줄기잎은 피침형이다. 꽃은 줄기 끝에 2~5개가 모여 달리며, 노란빛이 도는 흰색이다. 꽃받침은 통 모양이며, 길이는 2cm 가량으로 화관의 절반 길이이다. 화관은 길쭉한 종 모양, 길이 4~5cm, 청록색 반점이 있다. 열매는 삭과이다.

1	2	3	4	5	6	7	8	9	10	11	12

1987. 10. 25. 인천광역시 강화도

용담 　용담과

Gentiana scabra Bunge

뿌리줄기는 짧고 수염뿌리가 많다. 줄기는 겉에 가는 줄이 4개 있고, 자줏빛을 띠며, 높이 20~100cm이다. 잎은 마주나며, 난형, 길이 4~8cm, 너비 1~3cm, 가장자리와 맥 위에 잔돌기가 있다. 꽃은 줄기 끝과 위쪽 잎겨드랑이에 1개 또는 몇 개가 달리며, 보라색 또는 드물게 흰색이다. 화관은 길이 4.5~6.0cm이며, 끝이 5갈래로 얕게 갈라진다. 열매는 삭과, 익으면 2갈래로 갈라진다.

1 2 3 4 5 6 7 8 9 10 11 12

- 분포 / 전국
- 생육지 / 산과 들
- 출현 빈도 / 비교적 흔함
- 생활형 / 여러해살이풀
- 개화기 / 8월 중순~11월 초순
- 결실기 / 10~11월
- 참고 / 뿌리는 약재로 쓴다. 한자 이름 '용담(龍膽)'에서 우리말 이름이 유래했다.

1987. 8. 12. 설악산

- 분포 / 제주도를 제외한 전국
- 생육지 / 높은 산 중턱 이상
- 출현 빈도 / 비교적 드묾
- 생활형 / 여러해살이풀
- 개화기 / 8월 중순~9월 하순
- 결실기 / 10~11월
- 참고 / 잎은 길이가 너비의 3~4배로서 길쭉한 모양이며, 줄기는 붉은빛을 잘 띠지 않는다. '칼잎용담'과 같다.

큰용담 용담과

Gentiana triflora (Pall.) F. W. Schmidt for. *japonica* (Kusn.) W. T. Lee et W. K. Paik

줄기는 곧추서며, 높이 50~100cm이다. 잎은 마주나며, 긴 타원상 피침형, 길이 6~12cm, 너비 2.0~2.5cm, 끝이 뾰족하고, 가장자리가 밋밋하다. 잎자루는 없다. 꽃은 줄기 끝과 위쪽 잎겨드랑이에 여러 개가 달리며, 보라색이다. 꽃받침은 종 모양이며, 길이 2.0~2.5cm이다. 화관은 종 모양이고, 길이 5.0~5.5cm, 5갈래로 갈라진다. 열매는 삭과, 좁고 길며, 2갈래로 갈라진다.

1	2	3	4	5	6	7	8	9	10	11	12

2003. 10. 5. 강원도 평창

좁은잎덩굴용담 용담과

Pterygocalyx volubilis Maxim.

줄기는 매우 가늘고, 다른 물체를 감고 올라가며, 길이 50~80cm이다. 잎은 마주나며, 넓은 피침형 또는 선상 피침형, 길이 2~4cm, 너비 0.4~1.0cm, 끝이 뾰족하고, 가장자리가 밋밋하다. 꽃은 잎겨드랑이에 1개씩 피며, 밑으로 처지고, 붉은 자주색이다. 꽃받침통은 길이 1.5~2.0cm, 녹색, 날개가 있고, 끝이 4갈래로 갈라진다. 화관은 길이 3.0~3.5cm이며, 4갈래로 갈라진다. 열매는 삭과이다.

1	2	3	4	5	6	7	8	9	10	11	12

- 분포 / 강원도 이북
- 생육지 / 숲 가장자리
- 출현 빈도 / 매우 드묾
- 생활형 / 덩굴성 여러해살이풀
- 개화기 / 9월 중순~10월 하순
- 결실기 / 10~11월
- 참고 / 남한에서는 매우 드물게 발견되는 북방계 식물로서 중국 둥베이 지방, 우수리 등지에도 분포한다.

1994. 9. 26. 지리산

- 분포 / 전국
- 생육지 / 산과 들의 양지
- 출현 빈도 / 비교적 드묾
- 생활형 / 두해살이풀
- 개화기 / 9월 초순~10월 중순
- 결실기 / 10~11월
- 참고 / 전체에 자줏빛이 돌고, 쓴맛이 나기 때문에 이 같은 이름이 붙여졌다.

자주쓴풀 용담과

Swertia pseudochinensis H. Hara

줄기는 네모지며, 가지가 갈라지고, 높이 15~40cm이다. 잎은 마주나며, 뿌리잎은 도피침형으로 작고, 줄기잎은 피침형, 양 끝이 뾰족하다. 꽃은 잎겨드랑이에 원추형 취산 꽃차례로 달리며, 연한 붉은빛이 도는 보라색, 지름 2~3cm이다. 꽃받침은 5갈래로 깊게 갈라진다. 화관은 5갈래로 갈라지며, 갈래에 짙은 줄이 5개 있고, 아래쪽에 털로 덮인 꿀샘이 있다. 수술은 5개이며, 꽃밥은 검은 자주색이다. 열매는 삭과이다.

1	2	3	4	5	6	7	8	9	10	11	12

1996. 9. 3. 백두산

별꽃풀 　용담과

Swertia veratroides Maxim.

줄기는 곧추서며, 가지가 갈라지고, 높이 40~100cm이다. 줄기 밑부분의 잎은 잎자루가 줄기를 감싸며, 주걱 모양이다. 줄기 위쪽의 잎은 잎자루가 짧다. 잎 가장자리는 밋밋하다. 꽃은 줄기 끝과 위쪽 잎겨드랑이에 여러 개가 취산 꽃차례로 달리며, 흰색이다. 꽃받침은 녹색이며, 5갈래로 깊게 갈라진다. 화관은 5갈래로 갈라지며, 갈래에 검붉은 반점이 있다. 열매는 삭과, 긴 타원형이다.

1 2 3 4 5 6 7 8 9 10 11 12

- 분포 / 북부 지방
- 생육지 / 높은 산 습기 많은 곳
- 출현 빈도 / 드묾
- 생활형 / 두해살이풀
- 개화기 / 8월 하순~9월 하순
- 결실기 / 9~10월
- 참고 / 남한에는 자라지 않는 북방계 식물이다.

1996. 9. 5. 설악산

- 분포 / 강원도 이북
- 생육지 / 높은 산 능선
- 출현 빈도 / 드묾
- 생활형 / 두해살이풀
- 개화기 / 8월 중순~9월 하순
- 결실기 / 9~10월
- 참고 / 남한에서는 1996년 설악산에서 필자에 의해 처음 발견되었으며, 이후 삼척에서도 발견되었다.

큰잎쓴풀 용담과

Swertia wilfordii Kerner

줄기는 곧추서며, 가지가 많이 갈라지고, 높이 15~40cm이다. 잎은 마주나며, 긴 난형, 끝이 뾰족하고, 밑이 줄기를 감싼다. 잎자루는 없다. 꽃은 가지 끝과 위쪽 잎겨드랑이에 원추형 취산 꽃차례로 여러 개가 달리며, 보라색, 지름 1.0~1.5cm이다. 꽃받침은 4갈래로 갈라지며, 끝이 뾰족하다. 화관은 4갈래로 갈라지며, 길이 1cm 가량이고, 검붉은 반점이 있다. 수술은 4개이다. 열매는 삭과이다.

1	2	3	4	5	6	7	8	9	10	11	12

흰색 꽃

1999. 8. 29. 경상북도 울릉도

덩굴용담 | 용담과

Tripterospermum japonicum (Siebold et Zucc.) Maxim.

땅속줄기는 짧고 가늘며, 뿌리는 길다. 줄기는 다른 식물을 감고 올라가며, 길이 40~80cm이다. 잎은 마주나며, 긴 난형 또는 난상 피침형, 길이 4~8cm, 너비 1.5~3.5cm, 앞면은 진한 녹색이고 뒷면은 연한 녹색이다. 꽃은 위쪽 잎겨드랑이에 1개씩 달리며, 자줏빛이 도는 흰색 또는 흰색이다. 화관은 통 모양이고, 길이 3cm 가량, 끝이 5갈래로 얕게 갈라진다. 열매는 장과, 붉게 익는다.

1	2	3	4	5	6	7	8	9	10	11	12

- 분포 / 제주도, 울릉도
- 생육지 / 숲 속
- 출현 빈도 / 매우 드묾
- 생활형 / 여러해살이풀
- 개화기 / 9월 초순~10월 중순
- 결실기 / 10월 중순~11월 하순
- 참고 / '덩굴지어 자라는 용담'이라는 뜻에서 이 같은 이름이 붙여졌다.

1999. 9. 17. 강원도 양양

- 분포 / 전국
- 생육지 / 연못이나 강
- 출현 빈도 / 드묾
- 생활형 / 한해살이풀
- 개화기 / 7월 중순~9월 하순
- 결실기 / 9~11월
- 참고 / 전국에 분포하지만 '어리연꽃' 보다 훨씬 드물게 발견된다. 여러해살이풀로 알려져 있지만 한해살이풀이다.

좀어리연꽃 조름나물과

Nymphoides coreana (H. Lév.) H. Hara

전체가 연약하다. 잎은 1~2장이 물 위에 뜨며, 난상 심장형, 지름 2~6cm, 밑이 깊게 갈라지고, 가장자리가 밋밋하다. 잎자루는 줄기 끝과 연결되며, 아래쪽이 꽃차례를 감싼다. 꽃은 잎자루 아래쪽에서 길이 1~3cm의 꽃자루가 몇 개 나와 그 끝에 1개씩 피며, 흰색이고, 지름 8mm 가량이다. 꽃받침잎은 넓은 피침형이며, 끝이 뾰족하다. 화관은 4~5갈래로 갈라지며, 가장자리에 털이 있다. 열매는 삭과이다.

1 2 3 4 5 6 7 8 9 10 11 12

1997. 9. 1. 전라북도 김제

어리연꽃 조름나물과

Nymphoides indica (L.) Kuntze

뿌리줄기는 펄 속에서 뻗으며, 수염뿌리를 많이 낸다. 줄기는 가늘고 길며, 잎 1~3장이 드문드문 달린다. 잎은 물 위에 뜨며, 둥근 심장형, 지름 7~20cm, 가장자리가 밋밋하다. 잎자루는 줄기와 연결되고, 아래쪽이 꽃차례의 아래쪽을 감싼다. 꽃은 잎자루 아래쪽에서 여러 대의 긴 꽃자루가 물 위로 나와 그 끝에 1개씩 피며, 지름 1.5cm 가량, 흰색이지만 가운데는 노란색이다. 열매는 삭과이다.

1 2 3 4 5 6 7 8 9 10 11 12

- 분포 / 중부 이남
- 생육지 / 연못이나 강
- 출현 빈도 / 비교적 드묾
- 생활형 / 여러해살이풀
- 개화기 / 8월 초순~10월 초순
- 결실기 / 9~11월
- 참고 / 매립 등으로 인해 자생지가 파괴되어 차츰 보기 어려워져 가는 수생식물이다.

1993. 9. 24. 백두산

- 분포 / 제주도를 제외한 전국
- 생육지 / 연못이나 강
- 출현 빈도 / 비교적 드묾
- 생활형 / 여러해살이풀
- 개화기 / 7월 중순~9월 초순
- 결실기 / 9~10월
- 참고 / 잎은 보통 아래쪽이 깊게 2갈래로 갈라지지만, 갈라지지 않고 방패 모양인 것도 있다.

노랑어리연꽃 조름나물과

Nymphoides peltata (S. G. Gmel.) Kuntze

줄기는 길게 자라며, 가지가 갈라진다. 잎은 줄기의 마디에서 여러 장이 모여나서 물 위에 뜨며, 원형 또는 난형, 지름 5~10cm, 가장자리에 물결 모양의 톱니가 있다. 잎자루는 길며, 아래쪽이 넓다. 꽃은 물 속의 잎겨드랑이에서 여러 개의 꽃자루가 물 위로 나와 그 끝에 달리며, 노란색, 지름 3~4cm이다. 화관은 5갈래로 깊게 갈라지며, 가장자리가 술처럼 가늘게 갈라진다. 열매는 삭과이다.

1	2	3	4	5	6	7	8	9	10	11	12

꽃

2001. 9. 23. 제주도

중대가리나무 꼭두서니과

Adina rubella Hance

줄기는 가지가 많이 갈라지며, 높이 3~4m이다. 잎은 마주나며, 피침형, 길이 1~4cm, 너비 0.4~2.0cm, 가장자리가 밋밋하다. 잎의 양 면 맥 위에 잔털이 난다. 잎자루는 짧다. 꽃은 가지 끝과 잎겨드랑이에 두상 꽃차례로 피며, 노란빛이 도는 붉은색이다. 화관은 5갈래로 갈라지며, 길이 3mm 가량이다. 암술대는 화관보다 훨씬 길다. 열매는 삭과, 2갈래로 갈라진다.

1	2	3	4	5	6	7	8	9	10	11	12

- 분포 / 제주도
- 생육지 / 계곡 주변
- 출현 빈도 / 비교적 드묾
- 생활형 / 갈잎작은키나무
- 개화기 / 8월 중순~9월 하순
- 결실기 / 10~11월
- 참고 / 제주도 남쪽의 계곡에서만 발견되는 남방계 희귀 식물로서, 중국에도 분포한다.

1991. 8. 30. 경기도 천마산

- 분포 / 전국
- 생육지 / 양지바른 숲 가장자리
- 출현 빈도 / 비교적 흔함
- 생활형 / 한해살이 기생 식물
- 개화기 / 7월 하순~10월 초순
- 결실기 / 9~10월
- 참고 / '실새삼(*C. australis* R. Br.)'에 비해 줄기가 굵고, 뚜렷한 이삭꽃차례를 이룬다. 열매는 강정제로 이용된다.

새삼 메꽃과

Cuscuta japonica Choisy

줄기는 통통하고, 붉은빛 또는 노란빛이 도는 흰색이며, 덩굴지어 자란다. 줄기의 일부가 다른 떨기나무에 붙어서 영양분을 흡수한다. 잎은 비늘 모양이고, 길이 2mm 가량이며, 엽록소가 없다. 꽃은 흰색이며 이삭 꽃차례를 이루어 핀다. 꽃받침은 5갈래로 갈라진다. 화관은 종 모양이며, 5갈래로 갈라진다. 수술은 5개이다. 열매는 삭과, 난형, 익으면 뚜껑이 벌어져서 씨가 나온다.

1	2	3	4	5	6	7	8	9	10	11	12

1986. 9. 14. 경기도 운길산

누린내풀 마편초과

Caryopteris divaricata (Siebold et Zucc.) Maxim.

줄기는 네모지며, 가지가 많이 갈라지고, 높이 80~150cm이다. 잎은 마주나며, 얇고, 난형 또는 넓은 난형, 길이 8~13cm, 너비 4~8cm, 가장자리에 둔한 톱니가 있다. 꽃은 위쪽의 잎겨드랑이에 취산 꽃차례로 드문드문 달리며, 하늘색이 도는 붉은색이다. 꽃받침은 5갈래로 갈라진다. 화관은 아래쪽이 통 모양으로 길이 8~10mm이고, 위쪽은 5갈래로 깊게 갈라진 입술 모양이다. 열매는 삭과이다.

1 2 3 4 5 6 7 8 9 10 11 12

- 분포 / 중부 이남
- 생육지 / 산과 들
- 출현 빈도 / 비교적 흔함
- 생활형 / 여러해살이풀
- 개화기 / 7월 중순~9월 중순
- 결실기 / 9~10월
- 참고 / 전초에서 고약한 냄새가 나기 때문에 이 같은 이름이 붙여졌다.

1997. 8. 24. 제주도

- 분포 / 남부 지방
- 생육지 / 산과 들
- 출현 빈도 / 비교적 흔함
- 생활형 / 여러해살이풀
- 개화기 / 7월 초순~10월 중순
- 결실기 / 9~11월
- 참고 / 나무의 성질을 조금 가진 풀이다. 내륙으로는 대구 지방까지 올라와서 자란다.

층꽃나무 마편초과

Caryopteris incana (Thunb.) Miq.

줄기는 곧추서며, 아래쪽이 목질이고, 높이 30~60cm이다. 잎은 마주나며, 난형 또는 긴 타원형, 길이 3~6cm, 너비 1.5~3.0cm, 가장자리에 톱니가 있다. 잎의 앞면은 짙은 녹색이며 겉에 주름이 많고, 뒷면은 흰빛이 돌고 털이 많다. 꽃은 위쪽 잎겨드랑이에 취산 꽃차례로 층층이 달리며, 보라색 또는 드물게 흰색이다. 꽃받침과 화관은 5갈래로 갈라진다. 열매는 삭과이다.

1 2 3 4 5 6 7 8 9 10 11 12

2003. 9. 5. 제주도

마편초 마편초과

Verbena officinalis L.

전체에 잔털이 난다. 줄기는 곧추서며, 가지가 갈라지고, 네모지며, 높이 30~80cm이다. 잎은 마주나며, 난형, 길이 3~10cm, 너비 2~5cm, 깃꼴로 갈라진다. 잎 앞면은 주름이 지며, 뒷면은 맥이 튀어나온다. 꽃은 줄기와 가지 끝에 이삭 꽃차례로 달리며, 연한 자주색이다. 꽃차례는 길이 30cm 가량이다. 꽃받침은 통 모양이고, 5갈래로 갈라진다. 화관은 지름 5mm 가량이며, 5갈래로 갈라진다. 열매는 분과, 4개이다.

1	2	3	4	5	6	7	8	9	10	11	12

- 분포 / 남부 지방
- 생육지 / 들판
- 출현 빈도 / 흔함
- 생활형 / 여러해살이풀
- 개화기 / 7월 초순~9월 중순
- 결실기 / 8~10월
- 참고 / 아시아, 유럽, 북아프리카 등지에 분포하는 남방계 식물이다. 전초를 약재로 쓴다.

1996. 8. 25. 설악산

- 분포 / 전국
- 생육지 / 산과 들
- 출현 빈도 / 흔함
- 생활형 / 여러해살이풀
- 개화기 / 7월 초순~10월 중순
- 결실기 / 9~10월
- 참고 / 추어탕 등에 넣어 먹는 향료 식물이다. 흔히 '방아풀' 이라고 하지만, 방아풀이라는 이름을 가진 식물은 따로 있다.

배초향 꿀풀과

Agastache rugosa (Fisch. et C. A. Mey.) Kuntze

줄기는 곧추서며, 가지가 많이 갈라지고, 높이 40~150cm이다. 잎은 마주나며, 난형 또는 삼각상 난형, 길이 3.5~12.5cm, 너비 2.0~9.5cm, 가장자리에 둔한 톱니가 있다. 꽃은 가지 끝에 이삭 꽃차례로 빽빽하게 달리며, 자주색이다. 꽃차례는 길이 5~15cm이다. 꽃받침은 통 모양이며, 5갈래로 갈라진다. 화관은 길이 8~10mm, 입술 모양, 윗입술은 짧고 아랫입술은 길다. 열매는 소견과이다.

1	2	3	4	5	6	7	8	9	10	11	12

2003. 9. 29. 강원도 영월

개차즈기 꿀풀과

Amethystea caerulea L.

줄기는 가지가 갈라지며, 높이 30~80cm, 네모지고, 마디에 잔털이 있다. 잎은 마주나며, 3~5갈래로 갈라져 깃꼴이 되고, 갈래는 피침형, 가장자리에 톱니가 있다. 꽃은 줄기와 가지 끝에 취산 꽃차례로 피며, 하늘색이다. 꽃받침은 종 모양, 길이 2~3mm, 끝이 5갈래로 갈라진다. 화관은 길이 4mm 가량이며, 꽃받침보다 길게 4갈래로 갈라진다. 수술은 2개, 화관 밖으로 길게 나온다. 열매는 소견과이다.

1 2 3 4 5 6 7 8 9 10 11 12

- 분포 / 전국
- 생육지 / 밭이나 들
- 출현 빈도 / 흔함
- 생활형 / 한해살이풀
- 개화기 / 8월 초순~9월 중순
- 결실기 / 9~10월
- 참고 / 밭에 자라는 잡초로, 아시아에 널리 분포한다.

2002. 10. 4. 국립수목원

- 분포 / 남부 지방
- 생육지 / 습지
- 출현 빈도 / 매우 드묾
- 생활형 / 여러해살이풀
- 개화기 / 9월 중순~10월 하순
- 결실기 / 10~11월
- 참고 / 전주에서 발견되었다 하여 이 같은 이름이 붙여졌으며, 일본의 혼슈 지방 이남에도 분포한다.

전주물꼬리풀 꿀풀과

Dysophylla yatabeana Makino

땅속줄기는 가늘고 길게 발달한다. 줄기는 아래쪽이 밑으로 뻗고, 마디에 털이 나며, 높이 30~50cm이다. 잎은 4장이 돌려나며, 선형이고, 길이 3~7cm, 너비 0.2~0.7cm, 양 끝이 좁고, 가장자리에 톱니가 있다. 잎 뒷면은 맥 아래쪽에 잔털이 조금 난다. 꽃은 줄기 끝에 이삭 꽃차례로 빽빽하게 달리며, 붉은색이다. 화관은 길이 3~4mm, 4갈래로 갈라진다. 수술은 4개, 수술대에 긴 털이 난다. 열매는 소견과이다.

1	2	3	4	5	6	7	8	9	10	11	12

1998. 10. 24. 경상북도 문경

가는잎향유 꿀풀과

Elsholtzia angustifolia (Loes.) Kitag.

줄기는 곧추서며, 네모지고, 높이 30~60cm이다. 잎은 마주나며, 선형이고, 길이 2~7cm, 너비 0.2~0.5cm, 가장자리에 톱니가 조금 있다. 꽃은 줄기 끝에 이삭 꽃차례로 달리며, 붉은색이다. 꽃차례는 길이 2.5~5.0cm, 지름 1cm 가량이다. 포는 둥근 부채 모양이다. 꽃받침은 길이 2mm이며, 5갈래로 갈라진다. 화관은 길이 5mm 가량이며, 4갈래로 갈라진다. 수술은 4개이며, 그 중 2개가 길다. 열매는 소견과이다.

1	2	3	4	5	6	7	8	9	10	11	12

- 분포 / 중부 이북
- 생육지 / 산의 바위 지대
- 출현 빈도 / 드묾
- 생활형 / 한해살이풀
- 개화기 / 9월 초순~10월 중순
- 결실기 / 10~11월
- 참고 / 속리산, 월악산, 조령산, 주흘산 및 평안남도에서 발견되며, 중국 둥베이 지방에도 분포한다.

2003. 10. 5. 강원도 영월

- 분포 / 전국
- 생육지 / 산과 들
- 출현 빈도 / 흔함
- 생활형 / 한해살이풀
- 개화기 / 8월 초순~10월 중순
- 결실기 / 9 ~11월
- 참고 / '꽃향유'에 비해서 꽃이 덜 화려하므로 쉽게 구분된다.

향유 꿀풀과

Elsholtzia ciliata (Thunb.) Hylander

줄기는 곧추서며, 가지가 갈라지고, 높이 30~60cm이다. 잎은 마주나며, 넓은 난형 또는 좁은 난형, 길이 3~10cm, 너비 1~6cm, 끝이 뾰족하고, 가장자리에 톱니가 있다. 꽃은 줄기와 가지 끝에 이삭 꽃차례로 한쪽으로 치우쳐 빽빽하게 달리며, 보라색 또는 드물게 흰색이다. 꽃차례는 길이 5~10cm이다. 꽃받침은 5갈래로 갈라진다. 화관은 작고, 입술 모양이다. 열매는 소견과이다.

1	2	3	4	5	6	7	8	9	10	11	12

꽃

1997. 9. 8. 한라산

좀향유 꿀풀과

Elsholtzia minima Nakai

줄기는 네모지며, 겉에 굽은 털이 줄지어 나고, 높이 2~5cm이다. 잎은 마주나며, 난형이고, 길이 2~7mm, 너비 2~5mm, 가장자리에 톱니가 조금 있다. 잎의 양 면은 맥 위에 흰 털이 난다. 꽃은 줄기 끝에 이삭 꽃차례로 빽빽하게 달리며, 붉은 보라색이다. 꽃차례는 길이 0.2~1.3cm이다. 포는 난형이다. 꽃받침은 길이 1mm 가량이며, 얕게 5갈래로 갈라진다. 열매는 소견과이다.

1 2 3 4 5 6 7 8 9 10 11 12

- 분포 / 제주도
- 생육지 / 한라산 해발 1300 m 이상
- 출현 빈도 / 드묾
- 생활형 / 한해살이풀
- 개화기 / 9월 초순~11월 초순
- 결실기 / 10~11월
- 참고 / 한라산 고산 지대에만 자라는 특산 식물이다.

1998. 10. 7. 경기도 화야산

- 분포 / 전국
- 생육지 / 산과 들
- 출현 빈도 / 흔함
- 생활형 / 한해살이풀
- 개화기 / 9월 초순~10월 중순
- 결실기 / 10~11월
- 참고 / 전초를 약재로 쓴다.

꽃향유

꿀풀과

Elsholtzia splendens Nakai ex F. Maek.

줄기는 곧추서며, 가지가 갈라지고, 높이 30~60cm이다. 잎은 마주나며, 좁은 타원형이고, 길이 4~8cm, 너비 3~5cm, 가장자리에 이 모양의 톱니가 있다. 꽃은 줄기와 가지 끝에 이삭 꽃차례로 달리며, 분홍빛이 도는 자주색이다. 꽃차례는 길이 4~10cm, 너비 0.5~1.0cm이다. 꽃받침은 종 모양이며, 5갈래로 갈라진다. 화관은 입술 모양이며, 아랫입술은 3갈래로 갈라진다. 수술은 4개이며, 2개가 화관 밖으로 나온다. 열매는 소견과이다.

1	2	3	4	5	6	7	8	9	10	11	12

꽃

1993. 8. 14. 강원도 금대봉

오리방풀 꿀풀과

Isodon excisus (Maxim.) Kudo

줄기는 곧추서며, 가지가 갈라지고, 높이 60~100cm이다. 잎은 마주나며, 난상 원형, 길이 6~13cm, 너비 4~10cm, 끝이 3갈래로 갈라지고, 가장자리에 톱니가 있다. 꽃은 줄기 끝과 잎겨드랑이에 길이 5~20cm의 취산 꽃차례로 달리며, 보라색 또는 드물게 흰색이다. 꽃받침은 녹색이며, 5갈래로 갈라지고, 갈래는 삼각형이다. 화관은 길이 8~12mm, 입술 모양이다. 수술은 4개이며, 그 중 2개가 길다. 열매는 소견과이다.

1	2	3	4	5	6	7	8	9	10	11	12

- 분포 / 전국
- 생육지 / 숲 속
- 출현 빈도 / 흔함
- 생활형 / 여러해살이풀
- 개화기 / 7월 초순~9월 중순
- 결실기 / 9~10월
- 참고 / 잎은 끝이 3갈래로 갈라지며, 가운데 갈래는 꼬리처럼 길어지므로 '방아풀'과 구분된다.

2003. 10. 27. 전라남도 흑석산

- 분포 / 전국
- 생육지 / 산과 들의 양지
- 출현 빈도 / 비교적 흔함
- 생활형 / 여러해살이풀
- 개화기 / 8월 중순~10월 중순
- 결실기 / 9~11월
- 참고 / 어린순은 먹을 수 있다.

산박하 꿀풀과

Isodon inflexus (Thunb.) Kudo

줄기는 가지가 갈라지며, 높이 40~120cm이고, 아래쪽이 목질이다. 잎은 마주나며, 삼각상 난형, 길이 3~6cm, 너비 2~4cm, 끝이 뾰족하고, 가장자리에 둔한 톱니가 있다. 꽃은 취산 꽃차례로 피며, 푸른빛이 나는 보라색이다. 꽃받침은 길이 2~3mm이고, 5갈래로 갈라진다. 화관은 길이 8~10mm이며, 입술 모양이다. 수술은 4개이며, 그 중 2개가 길지만 화관 밖으로 나오지는 않는다. 열매는 소견과, 4개가 꽃받침에 싸여 있다.

1	2	3	4	5	6	7	8	9	10	11	12

2000. 8. 19. 강원도 정선

방아풀 꿀풀과

Isodon japonicus (Burm. fil.) H. Hara

뿌리줄기는 목질이다. 줄기는 곧추서며, 네모지고, 높이 60~100cm, 겉에 능선이 있다. 잎은 마주나며, 긴 난형 또는 난상 긴 타원형, 길이 6~15cm, 너비 4~8cm, 끝이 뾰족하고, 가장자리에 톱니가 있다. 꽃은 줄기 끝과 위쪽 잎겨드랑이에 취산 꽃차례가 나서 전체가 원추 꽃차례로 되며, 연한 자주색이다. 화관은 입술 모양이며, 암술과 수술은 화관 밖으로 나온다. 열매는 소견과이다.

1 2 3 4 5 6 7 8 9 10 11 12

- 분포 / 전국
- 생육지 / 산의 숲 속
- 출현 빈도 / 비교적 드묾
- 생활형 / 여러해살이풀
- 개화기 / 8월 초순~9월 중순
- 결실기 / 9~10월
- 참고 / '오리방풀'과 '산박하'에 비해서 드물게 나며, 수술과 암술이 화관 밖으로 나오므로 구분된다.

1999. 8. 29. 경상북도 울릉도

- 분포 / 전국
- 생육지 / 산과 들
- 출현 빈도 / 흔함
- 생활형 / 두해살이풀
- 개화기 / 7월 초순~9월 하순
- 결실기 / 8~11월
- 참고 / 전초를 약재로 쓴다.

익모초 꿀풀과

Leonurus japonicus Houtt.

줄기는 곧추서며, 가지가 많이 갈라지고, 높이 30~100cm이다. 뿌리잎은 넓은 난형, 5~7갈래로 갈라진다. 줄기잎은 마주나며, 잎자루가 짧거나 없고, 깃꼴이다. 꽃은 위쪽 잎겨드랑이에 몇 개가 모여 달리며, 연한 자주색이다. 꽃받침은 통 모양이며, 길이 6~7mm, 겉에 긴 털이 나고, 끝이 5갈래로 갈라진다. 화관은 입술 모양, 길이 12~15mm, 윗입술은 투구 모양이고 아랫입술은 3갈래로 갈라진다. 열매는 소견과이다.

1 2 3 4 5 6 7 8 9 10 11 12

1985. 7. 28. 강원도 홍천

박하 꿀풀과

Mentha arvensis L. var. *piperascens* Malinv.

땅속줄기가 뻗어 번식한다. 줄기는 곧추서며, 가지가 갈라지고, 높이 50~100cm이다. 잎은 마주나며, 긴 타원형, 길이 2~5cm, 너비 1.0~2.5cm, 가장자리에 날카로운 톱니가 있다. 꽃은 위쪽 잎겨드랑이에 여러 개가 층층이 달리며, 흰색 또는 연한 붉은색이다. 꽃받침은 종 모양이고 5갈래로 갈라진다. 화관은 4갈래로 갈라진다. 수술은 4개이며, 길이가 비슷하고, 화관 밖으로 나온다. 열매는 소견과이다.

1	2	3	4	5	6	7	8	9	10	11	12

- 분포 / 전국
- 생육지 / 개울가, 저지대 습지
- 출현 빈도 / 비교적 흔함
- 생활형 / 여러해살이풀
- 개화기 / 7월 중순~10월 중순
- 결실기 / 9~11월
- 참고 / 전체에서 향기가 난다. 잎에서 박하유를 뽑아서 약재로 쓰며, 재배하기도 한다.

1997. 8. 10. 소백산

- 분포 / 가야산 이북
- 생육지 / 높은 산 숲 속
- 출현 빈도 / 드묾
- 생활형 / 여러해살이풀
- 개화기 / 7월 초순~8월 하순
- 결실기 / 9~10월
- 참고 / 강원도에서 경상남도 가야산에 이르는 지역에 자라는 한국 특산 식물이다.

참배암차즈기 꿀풀과

Salvia chanroenica Nakai

전체에 털이 많다. 줄기는 곧추서며, 가지가 갈라지지 않고, 높이 40~50cm이다. 잎은 마주나며, 타원형 또는 난상 넓은 타원형, 길이 2.5~13.0cm, 너비 3~11cm, 가장자리에 둔한 톱니가 있다. 꽃은 줄기 끝의 마디에 2~6개씩 층층이 달리며, 노란색이다. 꽃자루는 5~6mm이다. 꽃받침은 입술처럼 2갈래로 갈라진다. 화관은 꽃받침보다 2배 가량 크다. 열매는 소견과이다.

1	2	3	4	5	6	7	8	9	10	11	12

1999. 9. 5. 강원도 속초

진땅고추풀 현삼과

Deinostema violaceum (Maxim.) T. Yamaz.

줄기는 곧추서며, 가지가 갈라지기도 하고, 높이 5~20cm이다. 잎은 마주나며, 넓은 선형, 길이 5~10mm, 너비 1~2mm, 가장자리가 밋밋하다. 맥은 1개이다. 잎자루는 없다. 꽃은 자주색으로 줄기 끝과 잎겨드랑이에 1개씩 핀다. 꽃자루는 길이 4~12mm이다. 꽃받침은 길이 3~5mm이며, 거의 끝까지 5갈래로 갈라진다. 화관은 길이 5~6mm이고, 입술 모양이다. 열매는 삭과이다.

1	2	3	4	5	6	7	8	9	10	11	12

- 분포 / 전국
- 생육지 / 저지대 습지
- 출현 빈도 / 비교적 드묾
- 생활형 / 한해살이풀
- 개화기 / 8월 중순~10월 중순
- 결실기 / 9~11월
- 참고 / 제주도에는 이 식물과 비슷하지만 잎이 둥근 모양인 '둥근잎고추풀(*D. adenocaulum* (Maxim.) T. Yamaz.)'이 분포한다.

2003. 9. 3. 한라산

- 분포 / 한라산
- 생육지 / 고지대 풀밭
- 출현 빈도 / 드묾
- 생활형 / 한해살이풀
- 개화기 / 8월 중순~9월 하순
- 결실기 / 9~10월
- 참고 / 한라산에만 드물게 자라는 한국 특산 식물이다.

깔끔좁쌀풀 현삼과

Euphrasia coreana W. Becker

줄기는 가지가 조금 갈라지며, 높이 5~10 cm, 밑을 향해 구부러진 털이 있다. 잎은 마주나며, 위로 갈수록 크고, 원형 또는 넓은 난형, 길이와 너비는 6mm 가량, 가장자리가 깃꼴로 깊게 갈라지며, 끝이 뾰족하다. 꽃은 위쪽의 잎겨드랑이에서 피며, 진한 자주색이다. 꽃받침은 통 모양이고, 길이는 5mm 가량이며, 끝이 4갈래로 갈라진다. 화관은 길이 6mm이며, 입술 모양이고, 아랫입술은 3갈래로 갈라진다. 열매는 삭과이다.

1 2 3 4 5 6 7 8 9 10 11 12

1998. 9. 7. 덕유산

선좁쌀풀 현삼과

Euphrasia maximowiczii Wettst.

줄기는 곧추서며, 가지가 갈라지고, 높이 10~30cm이다. 잎은 마주나며, 넓은 난형 또는 난상 원형, 길이 6~12mm, 너비 5~10 mm, 가장자리에 톱니가 있다. 꽃은 위쪽 잎겨드랑이에 1개씩 달리며, 분홍빛이 도는 흰색이다. 꽃받침 갈래는 피침상 삼각형이다. 화관은 길이 4~6mm이며, 입술 모양이고, 아랫입술은 3갈래로 갈라지며, 가운데 갈래의 아래쪽에 노란색 반점이 있다. 열매는 삭과이다.

1 2 3 4 5 6 7 8 9 10 11 12

- 분포 / 제주도를 제외한 전국
- 생육지 / 높은 산 풀밭
- 출현 빈도 / 드묾
- 생활형 / 한해살이풀
- 개화기 / 8월 초순~10월 중순
- 결실기 / 9~10월
- 참고 / 지리산, 덕유산 등지에서 드물게 발견된다. 잎은 끝이 가시처럼 뾰족하게 된다.

1998. 9. 5. 강원도 양양

- 분포 / 전국
- 생육지 / 바닷가 모래땅
- 출현 빈도 / 비교적 흔함
- 생활형 / 여러해살이풀
- 개화기 / 7월 중순~9월 중순
- 결실기 / 9~10월
- 참고 / 바닷가에 자생하는 식물이지만 육지에 옮겨 심어도 잘 자란다. 줄기와 잎은 약재로 쓴다.

해란초 현삼과

Linaria japonica Miq.

전체가 회색빛이 도는 녹색이다. 줄기는 곧추서거나 비스듬히 자라며, 가지가 갈라지고, 높이 10~40cm이다. 잎은 마주나거나 3~4장씩 돌려나지만 위쪽에서는 어긋나기도 하며, 피침형, 길이 1.5~3.0cm, 너비 0.5~1.5cm, 가장자리가 밋밋하다. 꽃은 줄기 끝에 총상 꽃차례로 피며, 노란색, 길이 1.5~2.0cm이다. 꽃받침은 길이 2.5~4.0mm이며, 5갈래로 갈라진다. 거(距)는 길이 5~10mm이고, 조금 구부러진다. 열매는 삭과이다.

1	2	3	4	5	6	7	8	9	10	11	12

1995. 8. 25. 한라산

수염며느리밥풀 현삼과

Melampyrum roseum Maxim. var. *japonicum* Franch. et Sav.

줄기는 곧추서며, 가지가 갈라지고, 높이 20~50cm이다. 잎은 마주나며, 줄기 가운데 부분의 잎은 난형 또는 넓은 피침형, 길이 3~6 cm, 너비 1.0~2.5cm, 잎 가장자리가 밋밋하다. 꽃은 줄기와 가지 끝에 총상 꽃차례로 달리며, 붉은 자주색이다. 포엽은 녹색이며, 가장자리에 가시 모양의 톱니가 있다. 꽃받침은 4갈래로 갈라지며, 긴 털이 많다. 화관은 입술 모양이며, 길이 1.6~1.8cm이다. 열매는 삭과이다.

1 2 3 4 5 6 7 8 9 10 11 12

- 분포 / 중부 이남
- 생육지 / 숲 속
- 출현 빈도 / 흔함
- 생활형 / 한해살이풀
- 개화기 / 8월 초순~9월 중순
- 결실기 / 9~10월
- 참고 / 전초에 털이 많으며, 특히 꽃받침에 긴 털이 많이 난다.

1992. 8. 24. 서울 북한산

- 분포 / 중부 이남
- 생육지 / 숲 속
- 출현 빈도 / 흔함
- 생활형 / 한해살이풀
- 개화기 / 8월 초순~9월 하순
- 결실기 / 9~10월
- 참고 / 기본종인 '꽃며느리밥풀'에 비해서 꽃이 꽃차례에 더 밀착하여 달리며, '수염며느리밥풀'에 비해서는 털이 적다.

알며느리밥풀 현삼과

Melampyrum roseum Maxim. var. *ovalifolium* Nakai

줄기는 곧추서며, 가지가 갈라지고, 높이 30~70cm이다. 잎은 마주나며, 줄기 가운데의 잎은 좁은 난형이고, 길이 3~6cm, 너비 1.5~3.0cm, 잎 가장자리가 밋밋하다. 꽃은 줄기 끝에 총상 꽃차례로 달리며, 붉은 보라색 또는 흰색이다. 포엽은 녹색이며, 끝에 가시 모양의 톱니가 있다. 꽃받침은 4갈래로 갈라지며, 끝이 가시 모양이다. 화관은 입술 모양이며, 길이 1.6~1.8cm이다. 열매는 삭과이다.

1	2	3	4	5	6	7	8	9	10	11	12

1991. 8. 20. 서울 북한산

애기며느리밥풀 현삼과

Melampyrum setaceum (Maxim.) Nakai

줄기는 곧추서며, 가지가 많이 갈라지고, 높이 30~60cm이다. 잎은 마주나며, 넓은 선형, 길이 1.5~8.0cm, 너비 0.2~1.3cm, 끝이 꼬리처럼 길게 뾰족하고, 가장자리가 밋밋하다. 꽃은 줄기 끝에 이삭 꽃차례로 달리며, 연한 자주색 또는 드물게 흰색이다. 화관은 입술 모양이며, 길이 1.5~1.8cm이고, 아랫입술의 가운데 부분에 밥풀 모양의 흰 무늬가 2개 있다. 열매는 삭과이다.

1	2	3	4	5	6	7	8	9	10	11	12

- 분포 / 중부 이북
- 생육지 / 숲 속
- 출현 빈도 / 비교적 드묾
- 생활형 / 반기생 한해살이풀
- 개화기 / 8월 초순~9월 중순
- 결실기 / 9~10월
- 참고 / '꽃며느리밥풀'에 비해서 포엽이 붉은색이고, 잎이 더 가늘므로 구분된다.

1996. 9. 5. 설악산

- 분포 / 오대산 이북
- 생육지 / 높은 산의 숲 속
- 출현 빈도 / 비교적 드묾
- 생활형 / 한해살이풀
- 개화기 / 8월 초순~9월 중순
- 결실기 / 9~10월
- 참고 / '애기며느리밥풀'에 비해서 잎이 피침형이고 더 넓으므로 구분된다.

새며느리밥풀 현삼과

Melampyrum setaceum (Maxim.) Nakai var. *nakaianum* (Tuyama) T. Yamaz.

줄기는 곧추서며, 가지가 많이 갈라지고, 높이 50cm 가량이다. 잎은 마주나며, 피침형 또는 넓은 피침형, 길이 6~7cm, 너비 1~2 cm, 끝이 길게 뾰족하다. 꽃은 줄기 끝에 총상 꽃차례로 달리며, 자주색이다. 꽃자루는 매우 짧다. 포엽은 난형이며, 꽃과 같은 색이고, 가장자리에 가시 모양의 톱니가 있다. 꽃받침은 4갈래로 갈라진다. 화관은 입술 모양이며, 길이는 1.5cm 가량이다. 열매는 삭과이다.

1 2 3 4 5 6 7 8 9 10 11 12

2000. 9. 24. 강원도 양양

나도송이풀 현삼과

Phtheirospermum japonicum (Thunb.) Kanitz

줄기는 곧추서며, 가지가 갈라지고, 높이 20~70cm이다. 잎은 마주나며, 삼각상 난형, 길이 2.0~3.5cm, 너비 1~2cm, 깃꼴로 갈라진다. 꽃은 잎겨드랑이에 1개씩 달리며, 연한 자주색이다. 꽃받침은 종 모양이고, 5갈래로 갈라진다. 화관은 통 모양이며, 길이 2cm 가량이고, 겉에 털이 난다. 윗입술은 짧고, 2갈래로 갈라지며, 가장자리가 바깥쪽으로 말린다. 아랫입술은 3갈래이다. 열매는 삭과이다.

1 2 3 4 5 6 7 8 9 10 11 12

- 분포 / 전국
- 생육지 / 산과 들의 양지
- 출현 빈도 / 흔함
- 생활형 / 반기생 한해살이풀
- 개화기 / 8월 초순~10월 중순
- 결실기 / 9~10월
- 참고 / 전체에 샘털이 많으며, 화관의 윗입술 가장자리가 뒤로 말리므로 송이풀속과는 다른 속으로 구분한다.

1984. 9. 23. 제주도

- 분포 / 중부 이남
- 생육지 / 산과 들
- 출현 빈도 / 흔함
- 생활형 / 한해살이풀
- 개화기 / 7월 중순~9월 중순
- 결실기 / 8~10월
- 참고 / 화관의 윗입술은 아랫입술에 비해 작다. 전초는 류머티즘 치료에 쓰인다.

쥐꼬리망초 | 쥐꼬리망초과

Justicia procumbens L.

줄기는 네모지며, 가지가 갈라지고, 높이 10~40cm, 마디가 굵다. 잎은 마주나며, 긴 타원상 피침형, 길이 2~4cm, 너비 1~2cm, 가장자리가 밋밋하다. 꽃은 줄기 끝에서 이삭꽃차례로 빽빽하게 달리며, 연한 보라색이다. 꽃차례는 길이 2~5cm이다. 포엽은 꽃받침과 거의 같은 모양이고, 길이 5~7mm이다. 꽃받침은 5갈래로 갈라진다. 화관은 입술 모양이며, 길이 7~8mm이다. 열매는 삭과이다.

1 2 3 4 5 6 7 8 9 10 11 12

1995. 9. 19. 제주도

방울꽃 | 쥐꼬리망초과

Strobilanthes oligantha Miq.

줄기는 곧추서며, 둔하게 네모지고, 높이 30~80cm이다. 잎은 마주나며, 난형, 길이 4~10cm, 너비 3~6cm, 가장자리에 둔한 톱니가 있고, 양 면의 맥 위에 털이 난다. 꽃은 위쪽 잎겨드랑이에 몇 개가 달리며, 보라색이다. 꽃받침은 길이 6~10mm이며, 5갈래로 깊게 갈라지고, 털이 난다. 화관은 통 모양이며, 길이 2.5~3.5cm, 지름 2.5cm 가량이고, 끝이 5갈래로 갈라진다. 열매는 삭과이다.

1	2	3	4	5	6	7	8	9	10	11	12

- 분포 / 제주도
- 생육지 / 해발 600m 이하 숲 속
- 출현 빈도 / 드묾
- 생활형 / 여러해살이풀
- 개화기 / 8월 초순~9월 중순
- 결실기 / 9~10월
- 참고 / 일본에도 분포한다. 꽃이 아름다운 식물이며, 중부 지방에서도 월동이 가능하다.

1990. 9. 4. 제주도

- 분포 / 제주도, 남해안 섬
- 생육지 / 풀밭
- 출현 빈도 / 드묾
- 생활형 / 한해살이 기생식물
- 개화기 / 8월 중순~9월 중순
- 결실기 / 10~11월
- 참고 / 억새 뿌리에 기생한다.

야고 | 열당과

Aeginetia indica L.

줄기는 매우 짧아 땅 위에 거의 나오지 않는다. 녹색 잎은 없고, 적갈색 비늘 조각 몇 개가 어긋나게 붙어 있다. 꽃은 줄기에서 난 길이 10~20cm의 꽃자루 끝에 1개씩 옆을 향해 달리며, 붉은 보라색이다. 꽃받침은 배 모양이며, 길이 2~3cm, 겉에 붉은색 줄이 있고, 한쪽이 갈라져 화관이 나온다. 화관은 통 모양이며, 길이 3~5cm, 끝이 5갈래로 얕게 갈라진다. 열매는 삭과이다.

1	2	3	4	5	6	7	8	9	10	11	12

1998. 10. 21. 경상북도 상주

땅귀이개 통발과

Utricularia bifida L.

땅속줄기가 뻗으면서 포충낭이 군데군데 달려 있다. 잎은 땅속줄기에서 나서 땅 위로 나오며, 녹색, 선형, 길이 6~8mm이다. 꽃은 길이 7~15cm의 꽃줄기 끝부분에서 2~7개씩 피며, 노란색이다. 꽃줄기에 막질 비늘잎이 있다. 포는 난형이다. 작은 포는 선형이고 2장이다. 화관은 지름 3~4mm이며, 거(距)는 길이 3mm 가량이고 밑을 향한다. 열매는 삭과, 둥글다.

1 2 3 4 5 6 7 8 9 10 11 12

- 분포 / 중부 이남
- 생육지 / 산과 들의 습지
- 출현 빈도 / 드묾
- 생활형 / 여러해살이 식충식물
- 개화기 / 8월 초순~10월 하순
- 결실기 / 9~11월
- 참고 / '이삭귀이개'와 함께 자라는 경우를 종종 볼 수 있다.

1999. 9. 5. 강원도 양양

- 분포 / 전국
- 생육지 / 연못과 늪
- 출현 빈도/드묾
- 생활형 / 여러해살이 식충 식물
- 개화기 / 8월 중순~10월 중순
- 결실기 / 10~11월
- 참고 / 뿌리 없이 물에 뜨거나 잠겨서 사는 수생 식물이다. 잎이 줄기 끝에 모여서 만들어진 겨울눈이 물 속에 가라앉아 겨울을 난다.

통발 통발과

Utricularia japonica Makino

줄기는 길이 30~100cm이다. 잎은 어긋나며, 길이 3~6cm, 실처럼 가늘게 깃꼴로 갈라지고, 포충낭이 달려 있다. 꽃은 물 위로 올라온 길이 10~30cm의 꽃대 끝에 4~7개씩 달리며, 노란색이다. 꽃대는 줄기보다 굵고, 비늘잎이 달린다. 꽃자루는 길이 1.5~2.5cm이고, 꽃이 진 다음 구부러진다. 꽃받침은 타원형이고, 막질, 길이 3~4mm이다. 화관은 지름 1.5cm 가량이다. 열매는 잘 맺히지 않는다.

1 2 3 4 5 6 7 8 9 10 11 12

2004. 9. 9. 강원도 양양

들통발 통발과

Utricularia pilosa (Makino) Makino

줄기는 물 속을 떠다닌다. 잎은 어긋나며, 길이 3~4cm, 실처럼 가늘게 깃꼴로 갈라진다. 갈래는 여러 방향으로 퍼지고, 가장자리에 잔 톱니가 있거나 없으며, 끝이 가시처럼 뾰족하다. 꽃은 물 위로 나온 길이 8~20cm의 꽃대에 4~10개가 달리며, 노란색이다. 꽃자루는 길이 6~12mm이고, 위쪽이 굵어진다. 화관은 지름 6~7mm이며, 거(距)는 비스듬히 아래쪽을 향하고, 털이 난다. 열매는 삭과이다.

1 2 3 4 5 6 7 8 9 10 11 12

- 분포 / 중부 이남
- 생육지 / 산 속의 습지
- 출현 빈도 / 매우 드묾
- 생활형 / 한해살이 식충 식물
- 개화기 / 8월 중순~10월 하순
- 결실기 / 10~11월
- 참고 / '통발'과는 달리 한해살이풀이며, 잎은 갈래들이 수평으로 배열하지 않기 때문에 물에서 나오면 붓끝처럼 된다.

2003. 10. 12. 경상북도 황금산

- 분포 / 중부 이남
- 생육지 / 산과 들의 습지
- 출현 빈도 / 드묾
- 생활형 / 여러해살이 식충식물
- 개화기 / 8월 초순~10월 중순
- 결실기 / 9~11월
- 참고 / '땅귀이개'나 '자주땅귀이개'와 함께 자라는 경우가 많다. 뿌리에 포충낭이 달린다.

이삭귀이개 통발과

Utricularia racemosa Wall.

땅속줄기가 가는 실처럼 뻗으며, 군데군데에서 잎을 낸다. 잎은 모여나며, 녹색이고, 주걱 모양, 길이 2~4mm이다. 꽃은 10~30cm의 꽃줄기에 총상 꽃차례로 피며, 자주색이다. 꽃줄기에는 비늘잎 몇 장이 달리는데, 방패 모양이다. 작은 포는 선형이고, 길이 1mm 가량이다. 꽃받침은 넓은 타원형, 길이 2.5mm 가량, 겉에 젖꼭지처럼 생긴 돌기가 있다. 화관은 지름 4mm 가량이다. 열매는 삭과이다.

1	2	3	4	5	6	7	8	9	10	11	12

꽃

1997. 8. 20. 울산광역시

자주땅귀이개 통발과

Utricularia yakusimensis Masam.

땅속줄기는 실처럼 뻗고, 포충낭이 달려 있다. 잎은 땅속줄기에서 나서 땅 위로 나오며, 여러 장이 모여나고, 녹색, 주걱 모양, 길이 3~6mm이다. 꽃은 꽃줄기 끝부분에서 총상 꽃차례로 피며, 푸른빛이 도는 연한 자주색이다. 포는 비늘잎 같고, 길이 1~2mm이다. 작은 포는 2장이며, 선형이다. 화관은 지름 3~4mm이고, 거(距)는 길이 2~3mm이다. 열매는 삭과이다.

1 2 3 4 5 6 7 8 9 10 11 12

- 분포 / 중부 이남
- 생육지 / 산 속의 습지
- 출현 빈도 / 매우 드묾
- 생활형 / 여러해살이 식충식물
- 개화기 / 8월 중순~11월 초순
- 결실기 / 10~11월
- 참고 / 꽃줄기에 달린 비늘잎은 방패 모양이 아니다. '땅귀이개'나 '이삭귀이개'에 비해서 드물게 발견된다.

1996. 8. 15. 전라남도 무등산

- 분포 / 전국
- 생육지 / 산과 들의 양지
- 출현 빈도 / 흔함
- 생활형 / 여러해살이풀
- 개화기 / 7월 하순~10월 초순
- 결실기 / 9~11월
- 참고 / 어린잎은 먹을 수 있으며, 전초는 약재로 쓴다.

마타리 　마타리과

Patrinia scabiosaefolia Fisch. ex Trevir.

뿌리줄기는 굵고, 옆으로 뻗는다. 줄기는 곧추서며, 위에서 가지가 갈라지고, 높이 60~150cm이다. 잎은 마주나고, 깃꼴로 깊게 또는 완전히 갈라지며, 끝의 갈래는 난형으로 가장 크다. 꽃은 줄기와 가지 끝에 산방 꽃차례 모양으로 달리며, 노란색이다. 포는 매우 작다. 화관은 5갈래로 갈라지며, 통 부분이 짧고, 지름 3~4mm이다. 열매는 건과, 긴 타원형이며, 날개가 없다.

1 2 3 4 5 6 7 8 9 10 11 12

1986. 8. 27. 서울 관악산

뚝깔 마타리과

Patrinia villosa (Thunb.) Juss.

땅 속이나 땅 위로 기는줄기가 있다. 줄기는 곧추서며, 가지가 조금 갈라지고, 높이 50~100cm이다. 잎은 난형이고, 길이 3~15cm, 갈라지거나 갈라지지 않는다. 잎 뒷면은 흰빛이 돈다. 꽃은 줄기와 가지 끝에 산방 꽃차례로 달리며, 흰색이다. 화관은 5갈래로 갈라지며, 통 부분이 짧고, 지름 4mm 가량이다. 수술은 4개이고 암술은 1개이다. 열매는 건과, 도란형이며, 날개가 있다.

1 2 3 4 5 6 7 8 9 10 11 12

- 분포 / 전국
- 생육지 / 산과 들
- 출현 빈도 / 흔함
- 생활형 / 여러해살이풀
- 개화기 / 7월 중순~10월 초순
- 결실기 / 9~11월
- 참고 / 어린잎은 먹을 수 있다.

1992. 8. 5. 한라산

- 분포 / 전국
- 생육지 / 산과 들
- 출현 빈도 / 흔함
- 생활형 / 여러해살이풀
- 개화기 / 7월 초순~9월 중순
- 결실기 / 9~10월
- 참고 / 꽃차례에 돌려나는 긴 가지가 층층이 있으며, 화관은 가늘고 통이 길며 끝이 오므라든다.

잔대

초롱꽃과

Adenophora triphylla (Thunb.) A. DC.

줄기는 곧추서며, 높이 40~120cm이다. 잎은 3~5장씩 돌려나지만 어긋나기도 하며, 보통 타원형이지만 난상 타원형 또는 선상 피침형이기도 하다. 잎의 길이는 4~10cm, 너비는 1~3cm, 가장자리에 톱니가 있다. 꽃은 줄기 끝에 원추 꽃차례로 달리며, 연한 보라색이다. 꽃받침 갈래는 선형이고, 길이 1~3mm이다. 화관은 가늘고 통이 긴 종 모양이며, 길이 9~12mm, 끝이 조금 잘록하다. 암술대가 화관 밖으로 길게 나온다. 열매는 삭과이다.

1	2	3	4	5	6	7	8	9	10	11	12

1986. 10. 11. 지리산

염아자 초롱꽃과

Asyneuma japonicum (Miq.) Briq.

줄기는 곧추서며, 겉에 세로 능선이 있고, 높이 50~100cm이다. 잎은 어긋나며, 긴 타원형 또는 넓은 피침형, 길이 5~12cm, 너비 2.5~4.0cm, 가장자리에 톱니가 있다. 꽃은 줄기 끝에 총상 꽃차례로 달리며, 보라색이다. 꽃차례는 밑에서 가지가 갈라진다. 꽃받침은 통 모양이며, 5갈래로 갈라진다. 화관은 5갈래로 깊게 갈라지며, 뒤로 말린다. 열매는 삭과, 납작하며, 둥근 모양이다.

1 2 3 4 5 6 7 8 9 10 11 12

- 분포 / 전국
- 생육지 / 산 속의 습기 있는 곳
- 출현 빈도 / 비교적 흔함
- 생활형 / 여러해살이풀
- 개화기 / 7월 중순~9월 하순
- 결실기 / 9~11월
- 참고 / 잔대속(*Adenophora*) 식물들에 비해서 화관이 매우 깊게 갈라진다.

1991. 8. 30. 강원도 홍천

1999. 8. 12. 강원도 함백산

자주꽃방망이 초롱꽃과

Campanula glomerata L. var. *dahurica* Fisch.

줄기는 곧추서며, 높이 40~100cm이다. 뿌리잎은 난형 또는 난상 피침형이다. 줄기잎은 어긋나며, 아래쪽 잎은 잎자루가 있고 위쪽 잎은 잎자루가 없다. 잎몸은 긴 타원형 또는 피침형이며, 가장자리에 톱니가 있다. 꽃은 줄기 끝과 위쪽 잎겨드랑이에 여러 개가 위를 향해 달리며, 보라색 또는 드물게 흰색이다. 화관은 길이 2~3cm이며, 끝이 5갈래로 갈라진다. 수술은 5개, 암술은 1개이다. 열매는 삭과이다.

1 2 3 4 5 6 7 **8 9 10 11** 12

- 분포 / 제주도를 제외한 전국
- 생육지 / 산의 풀밭
- 출현 빈도 / 비교적 드묾
- 생활형 / 여러해살이풀
- 개화기 / 8월 초순~10월 중순
- 결실기 / 9~11월
- 참고 / 중국 둥베이 지방, 시베리아 등지에도 분포하는 북방계 식물이다.

1989. 9. 2. 한라산

- 분포 / 전국
- 생육지 / 산의 숲 속
- 출현 빈도 / 흔함
- 생활형 / 여러해살이풀
- 개화기 / 8월 초순~9월 중순
- 결실기 / 9~10월
- 참고 / 전초에서 향기가 난다. 뿌리는 먹을 수 있다.

더덕 　초롱꽃과

Codonopsis lanceolata (Siebold et Zucc.) Trautv.

줄기는 덩굴지며, 자르면 흰 즙이 나오고, 길이 2~3m이다. 잎은 어긋나며, 가지 끝에서 4장씩 가까이 모여나서 돌려난 것처럼 보이고, 타원형, 길이 3~10cm, 너비 1.5~4.0cm, 가장자리가 밋밋하다. 꽃은 가지 끝에 1개씩 달리며, 연한 녹색이다. 화관은 종 모양이며, 길이 2.7~3.5cm, 5갈래로 갈라져 뒤로 말리고, 보라색 무늬가 있다. 열매는 삭과, 꽃받침이 남아 있다.

1	2	3	4	5	6	7	8	9	10	11	12

1996. 8. 29. 설악산

만삼 초롱꽃과

Codonopsis pilosula (Franch.) Nannf.

줄기는 덩굴지어 길게 자라며, 가지가 갈라지고, 길이 1~2m, 자르면 흰 즙이 나온다. 전체에 흰 털이 많다. 잎은 어긋나거나 마주나며, 난형, 길이 2.5~4.5cm, 너비 2.0~3.5 cm, 가장자리가 밋밋하다. 꽃은 잎겨드랑이에서 긴 꽃자루가 나와 그 끝에 1개씩 달리며, 연한 녹색이다. 꽃받침은 5갈래로 갈라진다. 화관은 큰 종 모양이며, 길이 2.0~2.5cm, 끝이 5갈래로 갈라진다. 열매는 삭과이다.

1 2 3 4 5 6 7 8 9 10 11 12

- 분포 / 제주도를 제외한 전국
- 생육지 / 높은 산의 숲 속
- 출현 빈도 / 비교적 드묾
- 생활형 / 여러해살이풀
- 개화기 / 7월 하순~9월 중순
- 결실기 / 9~10월
- 참고 / 뿌리는 '더덕'에 비해 더 길쭉하며, 주로 약용으로 쓰이지만 더덕처럼 요리해 먹어도 맛이 좋다.

2003. 8. 30. 강원도 오대산

- 분포 / 제주도를 제외한 전국
- 생육지 / 산의 숲 속
- 출현 빈도 / 비교적 드묾
- 생활형 / 덩굴성 여러해살이풀
- 개화기 / 8월 중순~9월 하순
- 결실기 / 9~10월
- 참고 / '더덕'에 비해서 꽃이 더 작고, 뿌리는 둥글므로 구분된다.

소경불알 초롱꽃과

Codonopsis ussuriensis (Rupr. et Maxim.) Hemsl.

덩이뿌리는 둥글다. 줄기는 덩굴지어 자라며, 길이 1~2m이다. 잎은 어긋나지만 가지 끝에서 4장이 모여난 것처럼 보이며, 난형 또는 난상 타원형, 길이 2.0~4.5cm, 너비 1.2~2.5cm, 가장자리가 밋밋하다. 꽃은 짧은 가지 끝에 피며, 자주색이다. 꽃받침은 녹색이며, 갈래는 길이 1.0~1.5cm이다. 화관은 종 모양이며, 끝이 5갈래로 갈라져 뒤로 말리고, 안쪽이 짙은 자주색이다. 열매는 삭과이다.

1	2	3	4	5	6	7	8	9	10	11	12

1997. 9. 2. 전라북도 김제

수염가래꽃 초롱꽃과

Lobelia chinensis Lour.

전체에 털이 없고, 연약하다. 줄기는 가늘고, 가지가 갈라지며, 높이 10~20cm, 밑부분은 누워 자라며, 마디에서 뿌리가 내린다. 잎은 2줄로 어긋나며, 피침형, 길이 1~2cm, 너비 0.4~0.6cm, 가장자리에 톱니가 있다. 꽃은 잎겨드랑이에 1개씩 달리며, 흰색 또는 붉은빛이 도는 흰색이다. 꽃받침은 5갈래로 갈라진다. 화관은 길이 1cm 가량이며, 좌우 대칭이다. 열매는 삭과이다.

1 2 3 4 5 6 7 8 9 10 11 12

- 분포 / 중부 이남
- 생육지 / 개울가, 논둑
- 출현 빈도 / 흔함
- 생활형 / 여러해살이풀
- 개화기 / 6월 하순~9월 중순
- 결실기 / 8~10월
- 참고 / '숫잔대'와 달리 중부 이남에 분포하며, 전체가 작고, 꽃이 잎겨드랑이에서 1개씩 피므로 구분된다.

2000. 8. 29. 전라남도 백암산

- 분포 / 전국
- 생육지 / 산과 들의 습기 많은 곳
- 출현 빈도 / 비교적 드묾
- 생활형 / 여러해살이풀
- 개화기 / 7월 중순~9월 중순
- 결실기 / 9~10월
- 참고 / 전초를 약재로 쓴다.

숫잔대　초롱꽃과

Lobelia sessilifolia Lamb.

뿌리줄기는 굵고 짧으며 옆으로 눕는다. 줄기는 외대로 곧추서며, 높이 40~100cm이다. 잎은 어긋나며, 피침형, 길이 4~7cm, 너비 0.5~1.5cm, 가장자리에 얕은 톱니가 있다. 꽃은 줄기 끝에 총상 꽃차례로 달리며, 푸른빛이 도는 보라색 또는 드물게 붉은빛이 도는 흰색이다. 꽃받침은 5갈래로 갈라진다. 화관은 길이 2.5~3.0cm이고, 입술 모양이다. 열매는 삭과, 긴 타원형이다.

1	2	3	4	5	6	7	8	9	10	11	12

흰색 꽃

1990. 8. 15. 관악산

도라지 초롱꽃과

Platycodon grandiflorum (Jacq.) A. DC.

뿌리는 굵다. 줄기는 곧추서며, 자르면 흰 즙이 나오고, 높이 40~100cm이다. 잎은 어긋나지만 마주나거나 돌려나기도 하며, 넓은 피침형, 길이 4~7cm, 너비 1.5~4.0cm, 가장자리에 톱니가 있다. 꽃은 줄기와 가지 끝에 1개 또는 몇 개가 달리며, 보라색 또는 흰색, 지름 4~5cm이다. 꽃받침은 5갈래로 갈라진다. 화관은 종 모양이고, 길이 2.0~3.5cm이다. 열매는 삭과, 난형이다.

1 2 3 4 5 6 7 8 9 10 11 12

- 분포 / 전국
- 생육지 / 산의 양지
- 출현 빈도 / 흔함
- 생활형 / 여러해살이풀
- 개화기 / 7월 초순~9월 하순
- 결실기 / 9~10월
- 참고 / 뿌리는 식용 또는 약용하며, 재배하기도 한다.

1997. 7. 20. 강원도 대관령

- 분포 / 전국
- 생육지 / 높은 산 풀밭
- 출현 빈도 / 흔함
- 생활형 / 여러해살이풀
- 개화기 / 7월 중순~10월 초순
- 결실기 / 9~10월
- 참고 / 잎의 모양이 톱을 닮았다 하여 이 같은 이름이 붙여졌다.

톱풀 국화과

Achillea alpina L.

땅속줄기는 옆으로 길게 뻗는다. 줄기는 곧추서며, 높이 50~100cm이다. 잎은 어긋나며, 넓은 선형, 길이 6~10cm, 너비 0.7~1.5cm, 밑이 줄기를 감싸고, 가장자리가 깃꼴로 갈라진다. 잎자루는 없다. 꽃은 줄기 끝에서 지름 7~9mm의 두상화가 모여 산방 꽃차례를 이루며, 흰색이다. 설상화는 두상화의 가장자리에 5~7개씩 달린다. 열매는 수과이다.

1	2	3	4	5	6	7	8	9	10	11	12

열매

1998. 8. 2. 설악산

멸가치 국화과

Adenocaulon himalaicum Edgew.

줄기는 곧추서며, 위쪽에서 가지가 갈라지고, 높이 50~100cm, 위쪽에 자루가 있는 샘털이 난다. 뿌리잎은 꽃이 필 때까지 남아 있다. 줄기잎은 어긋나며, 신장형 또는 삼각상 심장형이고, 가장자리에 톱니가 있다. 꽃은 가지 끝의 긴 꽃대에 두상 꽃차례로 피며, 흰색이다. 암꽃은 7~11개, 양성화는 관상화로서 7~18개이다. 총포는 지름 5mm 가량이고, 조각이 5~7장이다. 열매는 수과이다.

1 2 3 4 5 6 7 8 9 10 11 12

- 분포 / 전국
- 생육지 / 숲 속
- 출현 빈도 / 흔함
- 생활형 / 여러해살이풀
- 개화기 / 8월 초순~10월 중순
- 결실기 / 9~11월
- 참고 / 열매에 끈적끈적한 샘털이 많아서 다른 물체에 잘 달라붙는다.

1994. 8. 26. 지리산

- 분포 / 전국
- 생육지 / 숲 속
- 출현 빈도 / 흔함
- 생활형 / 여러해살이풀
- 개화기 / 8월 중순~9월 하순
- 결실기 / 9~10월
- 참고 / 잎의 모양이 '단풍나무' 잎을 닮았다 하여 이 같은 이름이 붙여졌다. 어린잎은 먹을 수 있다.

단풍취 국화과

Ainsliaea acerifolia Sch.-Bip.

전체에 연한 갈색 털이 난다. 줄기는 외대로 곧추서며, 높이 30~80cm이다. 잎은 줄기 가운데 부분에 4~7장이 달리며, 모여난 것처럼 보이고, 손바닥 모양, 지름 6~19cm이다. 꽃은 줄기 끝에 난 20~50cm의 꽃대 끝에 두상화가 성긴 이삭 꽃차례를 이루어 달리며, 흰색이다. 총포는 통 모양이며, 길이 12~15mm이다. 두상화는 관상화 3개로 이루어진다. 열매는 수과이다.

1 2 3 4 5 6 7 8 9 10 11 12

1987. 11. 1. 지리산

까실쑥부쟁이 국화과

Aster ageratoides Turcz.

뿌리줄기를 뻗으며 번식한다. 줄기는 곧추서며, 높이 80~120cm이다. 잎은 어긋나며, 피침형 또는 타원상 피침형, 길이 10~14cm, 너비 3~6cm, 가장자리에 톱니가 있다. 꽃은 줄기 끝에 지름 0.6~1.2cm 가량의 두상화가 산방 꽃차례로 달리며, 연한 자주색 또는 연한 보라색이다. 설상화의 화관은 길이 10~11mm이다. 열매는 수과, 털이 있다.

1 2 3 4 5 6 7 8 9 10 11 12

- 분포 / 전국
- 생육지 / 산과 들
- 출현 빈도 / 흔함
- 생활형 / 여러해살이풀
- 개화기 / 8월 중순~10월 하순
- 결실기 / 9~10월
- 참고 / 전체가 까칠까칠한 질감을 가졌다 하여 이 같은 이름이 붙여졌다. 어린 잎은 먹을 수 있다.

2004. 9. 22. 충청북도 단양

- 분포 / 경기도, 충청북도
- 생육지 / 강가 모래땅
- 출현 빈도 / 매우 드묾
- 생활형 / 여러해살이풀
- 개화기 / 9월 초순~10월 중순
- 결실기 / 10~11월
- 참고 / 멸종 위기 II급. 한국 특산 식물. 자생지가 몇 곳밖에 발견되지 않았으며, 그 곳들은 개발 압력이 매우 높다.

단양쑥부쟁이 국화과

Aster altaicus Willd. var. *uchiyamae* (Nakai) Kitam.

줄기는 아래쪽이 눕고, 위쪽에서 가지가 많이 갈라지며, 높이 40~80cm이다. 잎은 어긋나며, 선상 피침형, 길이 3.5~5.5cm, 너비 0.1~0.3cm, 끝이 뾰족하고, 가장자리가 밋밋하다. 꽃은 가지 끝에 지름 3~4cm의 두상화가 1개씩 피며, 자주색이다. 총포는 반구형이며, 조각이 2줄로 붙고, 끝이 뾰족하다. 설상화는 2줄로 달린다. 열매는 수과이다.

1	2	3	4	5	6	7	8	9	10	11	12

2004. 9. 9. 강원도 양양

옹굿나물 국화과

Aster fastigiatus Fisch.

뿌리줄기는 짧다. 줄기는 곧추서며, 가지가 갈라지고, 높이 30~100cm, 위쪽에 잔털이 많다. 뿌리잎은 꽃이 필 때 남아 있다. 줄기잎은 어긋나며, 선상 피침형, 길이 5~12cm, 너비 0.4~1.5cm, 뒷면이 흰빛을 띤다. 꽃은 가지 끝에 지름 7~9mm의 두상화가 모여 산방꽃차례로 달리며, 흰색이다. 총포는 통 모양이며, 잔털이 많고, 조각이 4줄로 붙는다. 열매는 수과이다.

1	2	3	4	5	6	7	8	9	10	11	12

- 분포 / 전국
- 생육지 / 냇가 또는 습한 풀밭
- 출현 빈도 / 드묾
- 생활형 / 여러해살이풀
- 개화기 / 8월 중순~9월 하순
- 결실기 / 10~11월
- 참고 / 어린순은 나물로 먹는다. 우리 나라 개미취속(*Aster*) 식물 가운데 두상화가 가장 작다.

1997. 9. 8. 한라산

- 분포 / 한라산
- 생육지 / 해발 1000m 이상
- 출현 빈도 / 드묾
- 생활형 / 여러해살이풀
- 개화기 / 8월 중순~10월 중순
- 결실기 / 10~11월
- 참고 / 한국 특산 식물이다.

눈개쑥부쟁이 국화과

Aster hayatae H. Lév. et Vaniot

줄기는 밑에서 가지가 갈라져 땅 위에 퍼지며, 높이 15~25cm이다. 뿌리잎은 주걱 모양이며, 가장자리에 둔한 톱니가 있다. 줄기잎은 촘촘하게 달리며, 선형, 길이 1.2~2.0cm, 가장자리가 밋밋하다. 꽃은 줄기와 가지 끝에 두상화가 1개씩 달리며, 연한 자주색 또는 연한 보라색이고, 지름 2~3cm이다. 총포는 반구형이며, 길이 6~7mm이고, 조각이 2줄로 붙는다. 열매는 수과, 털이 있다.

1	2	3	4	5	6	7	8	9	10	11	12

2003. 8. 8. 백두산

좀개미취 국화과

Aster maackii Regel

뿌리줄기는 옆으로 긴다. 줄기는 곧추서며, 자줏빛이 도는 줄이 있고, 높이 40~90cm이다. 뿌리잎은 꽃이 필 때 마른다. 줄기잎은 어긋나며, 피침형, 길이 7~9cm, 너비 1~2cm, 끝이 길게 뾰족하고, 가장자리에 톱니가 드문드문 있다. 꽃은 가지 끝에 산방 꽃차례로 피며, 자주색, 지름 4cm 가량이다. 총포는 반구형이며, 조각이 3줄로 붙고, 조각 끝이 자줏빛이고 둥글다. 열매는 수과이다.

1 2 3 4 5 6 7 8 9 10 11 12

- 분포 / 강원도, 북부 지방
- 생육지 / 높은 산의 계곡 주변
- 출현 빈도 / 드묾
- 생활형 / 여러해살이풀
- 개화기 / 8월 초순~10월 중순
- 결실기 / 9~10월
- 참고 / 남한에서는 태백산, 오대산 등지에서 매우 드물게 발견된다.

1997. 10. 15. 제주도

- 분포 / 제주도
- 생육지 / 바닷가
- 출현 빈도 / 드묾
- 생활형 / 여러해살이풀
- 개화기 / 9월 중순~11월 하순
- 결실기 / 9~12월
- 참고 / 최근에 발표된 한국 특산 식물이다. 꽃이 크고 아름다우며, 드물게 흰색 꽃도 있다.

왕갯쑥부쟁이 | 국화과

Aster magnus Y. N. Lee et C. S. Kim

줄기는 누워 자라다가 곧추서며, 가지가 많이 갈라지고, 높이 30~60cm, 털이 없다. 잎은 어긋나며, 두껍다. 뿌리잎은 주걱 모양이며, 가장자리 위쪽이 이 모양이다. 줄기잎은 피침형이다. 꽃은 줄기와 가지 끝에 두상화가 1개씩 달리며, 지름 5~7cm이다. 설상화는 자줏빛을 띤 파란색 또는 드물게 흰색이며, 관상화는 노란색이다. 총포는 조각이 4~5줄로 붙는다. 열매는 수과이다.

1 2 3 4 5 6 7 8 9 10 11 12

1995. 9. 26. 경상북도 울릉도

섬쑥부쟁이 국화과

Aster pseudoglehni Y. S. Lim, J. O. Hyun et H. C. Shin

줄기는 곧추서며, 위에서 가지가 갈라지고, 높이 40~100cm, 털이 없다. 잎은 어긋나며, 타원형 또는 도피침형, 길이 8~20cm, 너비 4~8cm, 가장자리에 불규칙한 톱니가 있다. 꽃은 줄기와 가지 끝에 지름 1.5cm의 두상화가 모여 산방 꽃차례로 달리며, 흰색이다. 총포는 통 모양이며, 길이 4~5mm, 조각이 3~4줄로 붙는다. 설상화는 10~13개이며, 길이 9~10mm이다. 열매는 수과이다.

1 2 3 4 5 6 7 8 9 10 11 12

- 분포 / 포항, 울릉도
- 생육지 / 산과 들
- 출현 빈도 / 비교적 드묾
- 생활형 / 여러해살이풀
- 개화기 / 8월 초순~10월 중순
- 결실기 / 10~11월
- 참고 / 최근에 와서 한국 특산 식물로 밝혀짐으로써 새로운 학명이 붙여졌다. 울릉도에서는 '부지깽이나물'이라고도 하며, 나물로 재배한다.

1996. 8. 6. 설악산

- 분포 / 전국
- 생육지 / 산과 들
- 출현 빈도 / 흔함
- 생활형 / 여러해살이풀
- 개화기 / 8월 중순~10월 하순
- 결실기 / 9~11월
- 참고 / 어린잎은 나물로 먹는다.

참취 국화과

Aster scaber Thunb.

전체에 거친 털이 난다. 줄기는 곧추서며, 위쪽에서 가지가 갈라지고, 높이 100~150cm이다. 뿌리잎은 심장형이며, 꽃이 필 때 마르지 않는다. 줄기잎은 어긋나며, 심장형이고, 길이 9~24cm, 너비 6~18cm이다. 잎의 앞면은 짙은 녹색이고 뒷면은 흰빛이 돈다. 꽃은 줄기 끝에 지름 1.8~2.4cm의 두상화가 모여서 산방 꽃차례로 달리며, 흰색이다. 열매는 수과, 관모는 검은빛이 도는 흰색이다.

1	2	3	4	5	6	7	8	9	10	11	12

1993. 11. 16. 제주도

해국 국화과

Aster spathulifolius Maxim.

전체에 부드러운 털이 많다. 줄기는 비스듬히 자라며, 밑에서 가지가 갈라지고, 높이 30~60cm, 아래쪽은 목질이다. 잎은 주걱형 또는 도란형, 길이 3~20cm, 너비 1.5~5.5cm, 가장자리에 큰 톱니가 있거나 밋밋하다. 꽃은 줄기 끝에 지름 3.5~4.0cm의 두상화가 1개씩 피며, 연한 보라색 또는 드물게 흰색이다. 열매는 수과, 관모는 갈색이다.

1 2 3 4 5 6 7 8 9 10 11 12

- 분포 / 중부 이남
- 생육지 / 바닷가
- 출현 빈도 / 비교적 흔함
- 생활형 / 여러해살이풀
- 개화기 / 7월 중순~11월 하순
- 결실기 / 9~12월
- 참고 / 우리말 뜻은 '바닷가에서 자라는 국화' 이다.

2003. 8. 31. 강원도 금대봉

- 분포 / 전국
- 생육지 / 숲 속 또는 숲 가장자리
- 출현 빈도 / 흔함
- 생활형 / 여러해살이풀
- 개화기 / 8월 중순~10월 하순
- 결실기 / 9~11월
- 참고 / 어린잎은 나물로 먹는다.

개미취 국화과

Aster tataricus L. fil.

줄기는 곧추서며, 높이 100~150cm이다. 뿌리잎은 꽃이 필 때 마르며, 큰 것은 길이 50cm에 이른다. 줄기잎은 어긋나며, 난형 또는 긴 타원형, 가장자리에 톱니가 있다. 꽃은 줄기 끝에 지름 2.5~3.3cm의 두상화가 모여 산방 꽃차례로 달리며, 분홍빛을 띤 자주색이다. 총포는 반구형이며, 조각이 3줄로 붙고, 끝이 뾰족하다. 설상화는 길이 1.6~1.7cm이며, 관상화는 노란색이다. 열매는 수과이다.

1 2 3 4 5 6 7 8 9 10 11 12

개미취 군락지

2002. 8. 25. 강원도 대덕산

1997. 10. 12. 제주도

갯개미취 국화과

Aster tripolium L.

전체에 털이 없다. 줄기는 곧추서며, 위쪽에서 가지가 갈라지고, 높이 30~100cm이다. 줄기잎은 어긋나며, 선상 피침형, 길이 6~10cm, 너비 0.6~1.2cm, 밑이 줄기를 반쯤 감싸며, 가장자리가 밋밋하다. 꽃은 가지 끝에 지름 1.6~2.2cm의 두상화가 모여 산방 꽃차례로 달리며, 푸른빛이 도는 자주색이다. 총포는 길이 7mm 가량이며, 조각이 3줄로 붙는다. 열매는 수과이다.

1 2 3 4 5 6 7 8 9 10 11 12

- 분포 / 중부 이남
- 생육지 / 바닷가
- 출현 빈도 / 비교적 흔함
- 생활형 / 두해살이풀
- 개화기 / 9월 초순~10월 중순
- 결실기 / 10~11월
- 참고 / 서해안 바닷가의 습기가 많은 곳에서 무리지어 자라는 모양을 흔히 볼 수 있다.

1986. 10. 1. 서울 북한산

- 분포 / 전국
- 생육지 / 산과 들
- 출현 빈도 / 흔함
- 생활형 / 여러해살이풀
- 개화기 / 7월 하순~10월 초순
- 결실기 / 9~10월
- 참고 / 어린순은 식용하며, 뿌리는 약재로 쓴다.

삽주 국화과

Atractylodes japonica Koidz. ex Kitam.

줄기는 곧추서며, 가지가 갈라지고, 높이 30~100cm이다. 뿌리잎은 꽃이 필 때 시든다. 줄기 아래쪽 잎은 긴 타원형이며, 길이 8~11cm, 3~5갈래로 깊게 갈라진다. 잎 가장자리에 바늘 같은 가시가 있다. 꽃은 암수 딴 포기로 피며, 암꽃만 달리거나 양성화가 달린다. 두상화는 1개씩 달리며, 흰색, 지름 1.5~2.0cm이다. 총포는 종 모양이며, 길이 1.7cm 가량이다. 열매는 수과이다.

1	2	3	4	5	6	7	8	9	10	11	12

2003. 9. 5. 한라산

게박쥐나물 국화과

Cacalia adenostyloides (Franch. et Sav.) Matsum.

줄기는 곧추서며, 가지가 갈라지지 않고, 높이 60~90cm, 털이 없다. 잎은 어긋나며, 큰 잎은 3장 가량이 달리고, 신장형, 가장자리에 톱니가 있다. 꽃은 줄기 끝에 두상화가 원추 꽃차례로 피며, 흰색이다. 꽃대는 길이 2~5mm이다. 두상화는 지름 3~4mm이며, 3~6개의 꽃으로 이루어진다. 총포는 통 모양이며, 길이 8~9mm이다. 화관은 길이 8~9mm, 5갈래로 깊게 갈라진다. 열매는 수과이다.

1 2 3 4 5 6 7 8 9 10 11 12

- 분포 / 전국
- 생육지 / 높은 산 숲 속
- 출현 빈도 / 드묾
- 생활형 / 여러해살이풀
- 개화기 / 8월 중순~9월 하순
- 결실기 / 9~10월
- 참고 / 잎의 모양이 게를 닮았다 하여 이 같은 이름이 붙여졌다.

1996. 9. 3. 백두산

- 분포 / 북부 지방
- 생육지 / 산기슭, 골짜기, 길가
- 출현 빈도 / 흔히 재배함
- 생활형 / 한해살이풀
- 개화기 / 7월 초순~9월 중순
- 결실기 / 9~10월
- 참고 / 남한에는 자생하지 않으며, 여러 가지 원예 품종이 개발되어 전세계에 보급되었다.

과꽃 국화과

Callistephus chinensis (L.) Nees

줄기는 곧추서며, 위쪽에서 가지가 갈라지기도 하고, 높이 30~100cm이다. 줄기 겉에 흰 털이 나며, 자줏빛이 돈다. 잎은 어긋나며, 난형, 길이 3~7cm, 너비 3~5cm, 가장자리에 톱니가 있다. 꽃은 줄기 끝에서 지름 6.5~7.5cm의 두상화가 1개씩 달린다. 가장자리의 설상화는 암꽃으로 자주색이고, 가운데에 있는 관상화는 노란색이다. 총포는 반구형이며, 조각이 3줄로 붙는다. 열매는 수과이다.

1	2	3	4	5	6	7	8	9	10	11	12

1997. 9. 2. 전라북도 내장산

담배풀 국화과

Carpesium abrotanoides L.

줄기는 가지가 많이 갈라지며, 높이 50~100cm이다. 뿌리잎은 꽃이 필 때 시든다. 줄기잎은 어긋나며, 아래쪽 큰 것은 넓은 타원형 또는 긴 타원형이고, 가장자리에 불규칙한 톱니가 있다. 꽃은 가지 끝에 두상화가 이삭 꽃차례를 이루어 피며, 노란색이다. 두상화는 지름 6~8mm이며, 자루가 없이 줄기에 바로 붙고, 130~300개의 꽃으로 이루어진다. 열매는 수과, 끈적끈적한 샘털이 있다.

1 2 3 4 5 6 7 8 9 10 11 12

- 분포 / 전국
- 생육지 / 산과 들
- 출현 빈도 / 흔함
- 생활형 / 두해살이풀
- 개화기 / 8월 중순~9월 하순
- 결실기 / 9~10월
- 참고 / 열매가 익으면 옷에 잘 달라붙으며, 좋지 않은 냄새가 난다. 어린잎은 식용하며, 전초는 약용한다.

2001. 8. 12. 강원도 금대봉

- 분포 / 중부 이북
- 생육지 / 산의 숲 속
- 출현 빈도 / 비교적 흔함
- 생활형 / 여러해살이풀
- 개화기 / 8월 중순~10월 하순
- 결실기 / 9~10월
- 참고 / 담배풀속 식물 가운데 두상화가 가장 크므로 쉽게 구분된다. 전초는 약용한다.

여우오줌 국화과

Carpesium macrocephalum Franch. et Sav.

줄기는 굵으며, 높이 80~150cm이다. 잎은 어긋나며, 아래쪽 큰 것은 난형, 밑이 잎자루로 흘러서 날개처럼 된다. 줄기 가운데 잎은 도란상 긴 타원형이고, 위쪽 잎은 긴 타원상 피침형이다. 꽃은 가지 끝에 두상화가 1개씩 피며, 노란색이다. 두상화는 지름 2.5~3.5cm이고, 옆이나 밑을 향한다. 포엽은 피침형이며, 길이 2~7cm, 가장자리에 톱니가 있다. 열매는 수과, 부리가 있고, 겉에 샘점이 있다.

1 2 3 4 5 6 7 8 9 10 11 12

1999. 8. 29. 경상북도 울릉도

두메담배풀 | 국화과

Carpesium triste Maxim. var. *manshuricum* (Kitam.) Kitam.

전체에 털이 많다. 줄기는 곧추서며, 가지가 갈라지고, 높이 40~100cm이다. 줄기잎은 어긋나며, 피침형, 가장자리에 톱니가 있다. 꽃은 줄기 끝과 잎겨드랑이에 난 긴 꽃대 끝에 두상화가 1개씩 피며, 노란색이다. 두상화는 관상화로만 이루어지며, 지름 1cm 가량이다. 포엽은 녹색이고 여러 장인데, 서로 크기가 다르며, 뒤로 젖혀진다. 총포는 종 모양이고, 길이 5~6mm이다. 열매는 수과이다.

1 2 3 4 5 6 7 8 9 10 11 12

- 분포 / 제주도를 제외한 전국
- 생육지 / 산의 숲 속
- 출현 빈도 / 비교적 흔함
- 생활형 / 여러해살이풀
- 개화기 / 7월 중순~9월 중순
- 결실기 / 9~10월
- 참고 / 어린잎은 먹을 수 있다.

1985. 10. 27. 충청북도 월악산

산국 | 국화과

Chrysanthemum boreale (Makino) Makino

줄기는 항상 곧추서며, 위쪽에서 가지가 갈라지고, 높이 100~150cm이다. 잎은 어긋나며, 잎자루가 짧다. 줄기 아래쪽 잎은 넓은 난형이며, 길이 4~8cm, 너비 2~6cm, 5갈래로 갈라진다. 꽃은 줄기와 가지 끝에 지름 1.5cm의 두상화가 모여서 산형 꽃차례처럼 달리며, 노란색이고 향기가 좋다. 총포는 반구형이며, 길이 4mm 가량이다. 열매는 수과이다.

1	2	3	4	5	6	7	8	9	10	11	12

- 분포 / 전국
- 생육지 / 산과 들
- 출현 빈도 / 흔함
- 생활형 / 여러해살이풀
- 개화기 / 9월 중순~11월 중순
- 결실기 / 10~12월
- 참고 / 꽃은 말려서 차를 끓여 마시거나 약재로 쓴다. '감국'과 달리 줄기가 항상 곧추서고, 꽃이 조금 작으므로 구분된다.

1989. 11. 4. 제주도

감국 국화과

Chrysanthemum indicum L.

뿌리줄기가 옆으로 길게 뻗는다. 줄기는 여러 대가 모여나며, 높이 30~60cm, 보통 검은 자주색을 띤다. 잎은 어긋나며, 난상 원형, 길이 3~5cm, 너비 2.5~4.0cm, 깃꼴로 갈라진다. 꽃은 줄기와 가지 끝에 지름 2.0~2.5cm의 두상화가 모여서 느슨한 산방 꽃차례처럼 달리며, 노란색이고, 향기가 좋다. 총포는 종 모양, 길이 5~6mm이다. 열매는 수과이다.

1	2	3	4	5	6	7	8	9	10	11	12

- 분포 / 전국
- 생육지 / 산과 들
- 출현 빈도 / 흔함
- 생활형 / 여러해살이풀
- 개화기 / 10월 초순~12월 초순
- 결실기 / 11~12월
- 참고 / 내륙에도 자라지만 바닷가에서 더욱 흔하게 볼 수 있다. '산국'에 비해 꽃이 더 크므로 구분된다.

2001. 10. 7. 강원도 영월

- 분포 / 정선, 평창, 영월
- 생육지 / 석회암 지대의 양지
- 출현 빈도 / 드묾
- 생활형 / 여러해살이풀
- 개화기 / 9월 초순~10월 중순
- 결실기 / 10 ~11월
- 참고 / '산국'과 닮았으나 흰색 꽃이 피므로 구분된다. 일본에도 분포하며, 국내 분포는 최근에 알려졌다.

마키노국화 국화과

Chrysanthemum japonicum Makino

줄기는 여러 대가 모여나며, 가지가 갈라지고, 높이 40~80cm이다. 잎은 난형 또는 넓은 난형, 길이 4~8cm, 가장자리에 둔한 톱니가 있다. 잎의 앞면은 녹색이고 짧은 털이 있으며, 뒷면은 털이 많고 흰빛이 돈다. 꽃은 줄기와 가지 끝에 지름 2.5~4.0cm의 두상화가 모여 산방 꽃차례처럼 달리며, 흰색이다. 설상화는 흰색이고 관상화는 노란색이다. 열매는 수과이다.

1	2	3	4	5	6	7	8	9	10	11	12

1996. 9. 5. 설악산

산구절초 (가는잎구절초) 국화과

Chrysanthemum zawadskii Herbich

줄기는 곧추서며, 높이 10~60cm이다. 잎은 어긋나며, 넓은 난형, 길이 1.0~3.5cm, 너비 1~4cm, 깃꼴로 가늘게 갈라진다. 꽃은 줄기와 가지 끝에 지름 3~6cm의 두상화가 1개씩 달리며, 흰색 또는 연한 보라색이다. 총포는 길이 6~7mm이다. 설상화는 길이 1.5~3.0cm이며, 끝이 2~3갈래로 갈라진다. 관상화는 길이 3mm 가량이며, 5갈래로 갈라진다. 열매는 수과이다.

1 2 3 4 5 6 7 8 9 10 11 12

- 분포 / 전국
- 생육지 / 산 중턱 이상
- 출현 빈도 / 비교적 흔함
- 생활형 / 여러해살이풀
- 개화기 / 7월 중순~10월 하순
- 결실기 / 9~11월
- 참고 / 전체에서 향기가 나며, 관상용 또는 약용한다.

2003. 8. 4. 백두산

- 분포 / 금강산 이북
- 생육지 / 고지대 양지
- 출현 빈도 / 비교적 드묾
- 생활형 / 여러해살이풀
- 개화기 / 7월 하순~9월 초순
- 결실기 / 9~10월
- 참고 / 백두산 등지에 자라며, 줄기와 잎에 털이 많아 전체에 회백색이 돌므로 '산구절초'와 구분된다.

바위구절초 국화과

Chrysanthemum zawadskii Herbich var. *alpinum* (Nakai) Kitam.

뿌리줄기가 옆으로 길게 뻗는다. 줄기는 곧추서며, 높이 10~25cm이다. 잎은 어긋나며, 깃꼴로 깊게 갈라진다. 꽃은 줄기 끝에 두상꽃차례를 이루어 피며, 분홍색 또는 흰색이다. 두상화는 지름 2~4cm이다. 총포는 반구형이며, 조각이 3줄로 붙는다. 총포 조각은 뒷면과 안쪽 가장자리에 흰 털이 나며, 가장자리가 짙은 갈색을 띤다. 관상화는 노란색이다. 열매는 수과이다.

1	2	3	4	5	6	7	8	9	10	11	12

흰색 꽃

1990. 9. 25. 한라산

한라구절초 | 국화과

Chrysanthemum zawadskii Herbich var. *coreanum* (Nakai) T. B. Lee

뿌리줄기는 옆으로 뻗는다. 줄기는 곧추서며, 높이 20cm 가량이다. 잎은 윤기가 있으며, 두껍고, 조금 다육질이다. 줄기잎은 어긋나며, 깃꼴로 가늘게 갈라지고, 갈래는 선형이다. 꽃은 줄기와 가지 끝에 지름 5~6cm의 두상화가 1개씩 달리며, 보통 흰색이지만 드물게 분홍색이다. 설상화는 1줄로 늘어서며, 관상화는 노란색이다. 열매는 수과이다.

1	2	3	4	5	6	7	8	9	10	11	12

- 분포 / 한라산
- 생육지 / 고지대 풀밭
- 출현 빈도 / 드묾
- 생활형 / 여러해살이풀
- 개화기 / 9월 중순~10월 하순
- 결실기 / 10~11월
- 참고 / 한라산 특산 식물이며, 다른 구절초 종류들에 비해서 잎이 두껍고 윤이 나므로 구분된다.

2002. 10. 10. 경상남도 금오산

- 분포 / 전국
- 생육지 / 산과 들
- 출현 빈도 / 흔함
- 생활형 / 여러해살이풀
- 개화기 / 8월 중순~11월 중순
- 결실기 / 9~11월
- 참고 / '산구절초'에 비해서 잎이 덜 갈라지므로 구분되지만 변이가 심하다.

구절초 국화과

Chrysanthemum zawadskii Herbich var. *latilobum* (Maxim.) Kitam.

뿌리줄기는 옆으로 길게 뻗으며 번식한다. 줄기는 곧추서며, 높이 50~100cm이다. 뿌리잎은 난형 또는 넓은 난형이고, 가장자리가 얕게 갈라진다. 줄기잎은 작고, 조금 깊게 갈라진다. 꽃은 줄기와 가지 끝에 지름 6~8cm의 두상화가 1개씩 달리며, 흰색 또는 붉은빛이 도는 흰색이다. 설상화는 1줄로 늘어서며, 관상화는 노란색이다. 열매는 수과이다.

1	2	3	4	5	6	7	8	9	10	11	12

1995. 9. 26. 경상북도 울릉도

울릉국화 | 국화과

Chrysanthemum zawadskii Herbich var. *lucidum* (Nakai) T. B. Lee

줄기는 곧추서며, 가지가 갈라지고, 높이 20~50cm이다. 잎은 두껍고 윤이 난다. 뿌리잎과 줄기 아래쪽 잎은 잎자루가 길고, 갈래는 긴 타원형, 깃꼴로 갈라진다. 꽃은 줄기와 가지 끝에 지름 4~5cm의 두상화가 1개씩 달리며, 흰색 또는 연분홍색이다. 총포는 반구형이며, 길이 4~6mm, 조각은 뾰족하고 3줄로 붙는다. 열매는 수과, 줄이 5개 있다.

1 2 3 4 5 6 7 8 9 10 11 12

- 분포 / 울릉도
- 생육지 / 숲 속
- 출현 빈도 / 매우 드묾
- 생활형 / 여러해살이풀
- 개화기 / 9월 중순~10월 하순
- 결실기 / 10~11월
- 참고 / 자생지에서는 멸종한 것으로 추정되는 울릉도 특산 식물로서, 나리분지 등지에서 심은 것을 볼 수 있다.

1996. 8. 25. 설악산

정령엉겅퀴 국화과

Cirsium chanroenicum Nakai

전체에 가시 같은 털이 많다. 줄기는 곧추 서며, 가지가 갈라지고, 높이 50~100cm이다. 뿌리잎은 꽃이 필 때 시든다. 줄기잎은 어긋나며, 난형, 길이 11~16cm, 끝이 뾰족하고, 가장자리에 톱니가 조금 있다. 꽃은 줄기와 가지 끝에 지름 2.5~3.0cm의 두상화가 1개씩 달리며, 노란빛이 도는 흰색이다. 꽃은 모두 관상화이며, 길이 1.8cm 가량이다. 열매는 수과, 납작하다.

1 2 3 4 5 6 7 8 9 10 11 12

- 분포 / 강원도 이남
- 생육지 / 높은 산 숲 속
- 출현 빈도 / 비교적 드묾
- 생활형 / 여러해살이풀
- 개화기 / 8월 중순~10월 초순
- 결실기 / 9~10월
- 참고 / 한국 특산 식물이다. '고려엉겅퀴'와 달리 흰 꽃이 피므로 구분된다.

1999. 8. 19. 경상북도 울릉도

물엉겅퀴 국화과

Cirsium nipponicum (Maxim.) Makino

줄기는 가지가 많이 갈라지며, 높이 1~2m이다. 뿌리잎은 꽃이 필 때 시든다. 줄기잎은 어긋나며, 가운데 잎은 타원형이고, 길이 20~30cm, 가장자리에 톱니와 가시가 있다. 꽃은 줄기와 가지 끝에 지름 2.5~3.0cm의 두상화가 1개씩 피며, 자주색이다. 총포는 종 모양이며, 자줏빛이 돈다. 화관은 길이 1.6~2.0cm이다. 열매는 수과, 길이 3~4mm이다.

1 2 3 4 5 6 7 8 9 10 11 12

- 분포 / 울릉도
- 생육지 / 산과 들
- 출현 빈도 / 비교적 흔함
- 생활형 / 여러해살이풀
- 개화기 / 8월 중순~11월 초순
- 결실기 / 9~11월
- 참고 / 일본에도 분포하지만, 우리 나라에서는 울릉도에서만 자란다. 어린잎은 국거리로 이용한다.

큰엉겅퀴 | 국화과

Cirsium pendulum Fisch.

줄기는 가지가 많이 갈라지며, 높이 1~2m, 거미줄 같은 털이 있다. 뿌리잎은 꽃이 필 때 시든다. 줄기잎은 어긋나며, 아래쪽 잎은 타원형, 깃꼴로 갈라지고, 가시가 있다. 꽃은 줄기와 가지 끝에 지름 3~4cm의 두상화가 1개씩 달리며, 자주색이고, 밑으로 처진다. 화관은 길이 1.2~2.2cm이며, 실처럼 가늘다. 수술은 5개이고, 꽃밥은 붙어 있다. 열매는 수과이다.

1	2	3	4	5	6
7	8	9	10	11	12

- 분포 / 중부 이북
- 생육지 / 산과 들
- 출현 빈도 / 비교적 흔함
- 생활형 / 두해살이풀
- 개화기 / 7월 중순~10월 중순
- 결실기 / 9~11월
- 참고 / 어린잎은 먹을 수 있다. 우리 나라의 엉겅퀴 종류 중에서 유일하게 여러해살이풀이 아니다.

2003. 9. 20. 경기도

1997. 9. 8. 한라산

바늘엉겅퀴 국화과

Cirsium rhinoceros (H. Lév. et Vaniot) Nakai

전체에 뾰족하고 딱딱한 가시가 많다. 줄기는 굵으며, 가지가 갈라지고, 높이 40~70cm이다. 잎은 어긋나며, 깃꼴로 갈라지고, 갈래는 다시 2~3갈래로 갈라진다. 꽃은 줄기와 가지 끝에 지름 3.0~3.5cm의 두상화가 1개씩 달리며, 자주색 또는 드물게 흰색이다. 총포는 길이 2~3cm이며, 조각이 7줄로 붙는다. 꽃은 모두 관상화이다. 열매는 수과이다.

1 2 3 4 5 6 7 8 9 10 11 12

- 분포 / 한라산
- 생육지 / 고지대 풀밭
- 출현 빈도 / 드묾
- 생활형 / 여러해살이풀
- 개화기 / 8월 중순~10월 하순
- 결실기 / 9~11월
- 참고 / 한라산 특산 식물이다. '엉겅퀴'에 비해 총포의 길이가 더 길므로 쉽게 구분된다.

1995. 7. 25. 백두산

- 분포 / 지리산, 소백산, 북부 지방
- 생육지 / 산과 들
- 출현 빈도 / 드묾
- 생활형 / 여러해살이풀
- 개화기 / 7월 중순~9월 하순
- 결실기 / 9~10월
- 참고 / 어린잎은 먹을 수 있다.

도깨비엉겅퀴 국화과

Cirsium schantarense Trautv. et C. A. Mey.

줄기는 가지가 갈라지며, 높이 50~100cm, 거미줄 같은 털이 있다. 잎은 어긋나며, 아래쪽 잎은 타원형으로 길이 20~40cm, 끝이 뾰족하고, 가장자리에 가시 달린 톱니가 있다. 잎 뒷면은 거미줄 같은 털이 많다. 꽃은 줄기 끝에 지름 4~5cm의 두상화가 1개씩 달리며, 홍자색이고, 밑으로 처진다. 총포는 종 모양이고, 길이 1.5~2.0cm, 조각이 6줄로 붙는다. 열매는 수과이다.

1 2 3 4 5 6 7 8 9 10 11 12

1990. 8. 30. 강원도 대암산

고려엉겅퀴 국화과

Cirsium setidens (Dunn) Nakai

줄기는 가지가 갈라지며, 높이 60~120cm이다. 뿌리잎은 꽃이 필 때 시든다. 줄기잎은 어긋나며, 가운데 줄기잎은 긴 타원형 또는 넓은 피침형이고, 가장자리가 밋밋하다. 꽃은 줄기와 가지 끝에 지름 3~4cm의 두상화가 1개씩 달리며, 연한 자주색이다. 총포 조각은 7줄이며 단단하다. 꽃은 모두 관상화이며, 길이 1.3~1.7cm이다. 열매는 수과이다.

1 2 3 4 5 6 7 8 9 10 11 12

- 분포 / 중부 이남
- 생육지 / 고산의 숲 속
- 출현 빈도 / 비교적 흔함
- 생활형 / 여러해살이풀
- 개화기 / 8월 중순~10월 중순
- 결실기 / 9~11월
- 참고 / 한국 특산 식물이다. 강원도에서는 '곤드래' 라고 하며 나물로 먹는다.

2003. 10. 29. 전라남도 거문도

- 분포 / 제주도, 남부 지방
- 생육지 / 바닷가
- 출현 빈도 / 드묾
- 생활형 / 여러해살이풀
- 개화기 / 10월 초순~11월 하순
- 결실기 / 10~12월
- 참고 / 고들빼기속 식물들과는 달리 줄기 아래쪽이 목질이며, 두상화 밑에 잎처럼 생긴 포가 있으므로 다른 속으로 나눈다.

갯고들빼기 국화과

Crepidiastrum lanceolatum (Houtt.) Nakai

줄기는 밑이 목질이며, 높이 10~30cm이다. 잎은 밑에서는 모여나고, 줄기에서는 어긋난다. 아래쪽 잎은 주걱상 긴 타원형이며, 밑이 날개처럼 되고, 가장자리가 밋밋하다. 위쪽 잎은 난형이고, 밑이 줄기를 감싼다. 꽃은 줄기 끝에 두상화가 산방 꽃차례처럼 달리며, 노란색이다. 꽃대는 길이 3~9mm이다. 두상화는 설상화 8~12개로 이루어진다. 열매는 수과, 능선이 10개 가량 있다.

1	2	3	4	5	6	7	8	9	10	11	12

갯고들빼기 군락지

2003. 10. 29. 전라남도 거문도

2004. 9. 3. 경상남도 천성산

벌등골나물 국화과

Eupatorium fortunei Turcz.

뿌리줄기는 옆으로 길게 뻗는다. 줄기는 곧추서며, 여러 대가 모여나고, 높이 100~150 cm이다. 잎은 마주나며, 대부분 3갈래로 깊게 갈라지고, 가장자리에 톱니가 있다. 잎 앞면은 윤이 나며, 뒷면은 샘점이 없다. 잎자루는 짧다. 꽃은 줄기 끝에 두상화가 모여서 산방 꽃차례를 이루며, 연한 자주색이다. 총포는 원통형, 길이 7~8mm이고, 조각은 10개 가량이다. 열매는 수과이다.

1	2	3	4	5	6	7	8	9	10	11	12

- 분포 / 중부 이남
- 생육지 / 산과 들
- 출현 빈도 / 흔함
- 생활형 / 여러해살이풀
- 개화기 / 8월 중순~10월 하순
- 결실기 / 9~11월
- 참고 / 어린순은 나물로 먹는다.

1999. 7. 25. 울산광역시

- 분포 / 전국
- 생육지 / 산과 들
- 출현 빈도 / 흔함
- 생활형 / 여러해살이풀
- 개화기 / 7월 초순~10월 중순
- 결실기 / 9~11월
- 참고 / 잎은 잎자루가 없고, 맥 3개가 뚜렷하므로 구분된다. 어린순은 나물로 먹고, 잎은 약재로 쓴다.

골등골나물 국화과

Eupatorium lindleyanum DC.

뿌리줄기는 굵고 짧으며, 잔뿌리가 많다. 줄기는 곧추서며, 거친 털이 있고, 높이 40~90cm이다. 잎은 마주나며, 피침형 또는 좁은 피침형, 길이 6~12cm, 너비 0.8~2.0cm, 가끔 3갈래로 깊게 갈라지기도 한다. 잎의 양 면에 털이 난다. 꽃은 줄기와 가지 끝에 두상화가 산방 꽃차례로 달리며, 연한 자주색이다. 두상화는 관상화 5개로 이루어진다. 열매는 수과이다.

1	2	3	4	5	6	7	8	9	10	11	12

1997. 10. 15. 제주도

털머위 국화과

Farfugium japonicum (L.) Kitam.

전체에 연한 갈색 솜털이 난다. 잎은 뿌리에서 모여나며, 두껍고 윤이 난다. 잎몸은 심장형 또는 원형이며, 지름 6~30cm, 가장자리에 톱니가 있다. 잎 앞면은 짙은 녹색이고 뒷면은 흰빛이 돈다. 꽃은 꽃줄기 끝에 지름 4~6cm의 두상화가 산방 꽃차례처럼 달리며, 노란색이다. 총포는 넓은 통 모양이고, 길이 1.2~1.5cm이다. 열매는 수과, 털이 많다.

1 2 3 4 5 6 7 8 9 10 11 12

- 분포 / 울릉도, 남부 지방
- 생육지 / 바닷가 숲 속
- 출현 빈도 / 비교적 흔함
- 생활형 / 늘푸른여러해살이풀
- 개화기 / 9월 중순~11월 중순
- 결실기 / 10~12월
- 참고 / 잎은 겨울에도 지지 않으며, 꽃이 아름답다. 잎자루는 식용 또는 약용한다.

1997. 8. 30. 전라남도 구례

- 분포 / 강원도 이남
- 생육지 / 산과 들
- 출현 빈도 / 매우 드묾
- 생활형 / 여러해살이풀
- 개화기 / 7월 중순~10월 중순
- 결실기 / 8~10월
- 참고 / 한국 특산 식물이다. 원예 식물로 많이 심고 있지만, 자생지는 매우 드물다. 어린순은 먹을 수 있다.

벌개미취 국화과

Gymnaster koraiensis (Nakai) Kitam.

뿌리줄기는 옆으로 뻗는다. 줄기는 곧추서며, 높이 50~100cm이다. 뿌리잎은 꽃이 필 때 마른다. 줄기잎은 어긋나며, 피침형, 길이 12~19cm, 너비 1.5~3.0cm, 끝이 뾰족하고, 가장자리에 톱니가 있다. 꽃은 가지 끝에 지름 4~5cm의 두상화가 1개씩 달리며, 연한 자주색 또는 연한 보라색이다. 설상화의 화관은 길이 2.5cm 가량이다. 열매는 수과, 관모가 없다.

1 2 3 4 5 6 7 8 9 10 11 12

1998. 8. 25. 설악산

개쑥부쟁이 국화과

Heteropappus hispidus (Thunb.) Less.

줄기는 곧추서며, 가지가 갈라지고, 높이 30~100cm이다. 뿌리잎은 도피침형이고, 꽃이 필 때 마른다. 줄기잎은 촘촘하게 어긋나며, 도피침형 또는 선형, 길이 5~7cm, 너비 0.4~2.0cm, 가장자리가 둔하다. 꽃은 가지 끝에 지름 3~5cm의 두상화가 1개씩 달리며, 연한 자주색 또는 흰색이다. 총포 조각은 녹색이고, 끝이 뾰족하다. 열매는 수과, 털이 있다.

1 2 3 4 5 6 7 8 9 10 11 12

- 분포 / 전국
- 생육지 / 산과 들의 건조한 곳
- 출현 빈도 / 흔함
- 생활형 / 두해살이풀
- 개화기 / 8월 중순~10월 하순
- 결실기 / 9~11월
- 참고 / 바닷가에서 자라는 '갯쑥부쟁이'와 달리 산과 들에서 자란다.

1997. 10. 15. 제주도

- 분포 / 남부 지방
- 생육지 / 바닷가 건조한 곳
- 출현 빈도 / 비교적 흔함
- 생활형 / 두해살이풀
- 개화기 / 8월 중순~11월 초순
- 결실기 / 9~12월
- 참고 / '개쑥부쟁이'에 비해서 잎이 더 두꺼우며, 줄기가 조금 눕고, 바닷가에 분포한다.

갯쑥부쟁이 | 국화과

Heteropappus hispidus (Thunb.) Less. var. *arenarius* (Kitam.) Kitam. ex Ohwi

줄기는 밑에서 비스듬히 서고, 높이 30~100cm이다. 뿌리잎은 주걱 모양이며, 털이 없고, 꽃이 필 때 마른다. 줄기잎은 촘촘하게 어긋나며, 피침형, 길이 2.0~2.5cm, 너비 0.9~1.5cm, 가장자리가 밋밋하다. 꽃은 가지 끝에 지름 3.5cm 가량의 두상화가 1개씩 달리며, 연한 보라색이다. 설상화는 거의 2줄로 나며, 화관은 길이 1.4~2.4cm이다. 열매는 수과이다.

1	2	3	4	5	6	7	8	9	10	11	12

2003. 8. 4. 백두산

껄껄이풀 국화과

Hieracium coreanum Nakai

줄기는 곧추서며, 털이 있고, 높이 30~50 cm이다. 뿌리잎은 꽃이 필 때 남아 있다. 줄기잎은 어긋나며, 긴 타원형, 길이 4~12cm, 너비 2~3cm, 가장자리에 톱니가 있다. 꽃은 줄기 끝에 두상화가 1~3개씩 달리며, 노란색이다. 두상화는 설상화만으로 이루어진다. 화관은 길이 1.2~1.4cm, 혀 모양 부분의 길이는 0.9~1.0cm이다. 열매는 수과, 곤봉 모양이고, 세로로 잔주름이 있다.

1	2	3	4	5	6	7	8	9	10	11	12

- 분포 / 북부 지방
- 생육지 / 고지대 풀밭
- 출현 빈도 / 비교적 드묾
- 생활형 / 여러해살이풀
- 개화기 / 7월 하순~9월 중순
- 결실기 / 9~10월
- 참고 / 백두산 수목 한계선 위의 풀밭에 무리를 지어 자라며, 중국 둥베이 지방과 우수리에도 분포한다.

1998. 9. 7. 덕유산

- 분포 / 전국
- 생육지 / 산의 풀밭
- 출현 빈도 / 비교적 흔함
- 생활형 / 여러해살이풀
- 개화기 / 8월 중순~10월 하순
- 결실기 / 9~11월
- 참고 / 어린순은 나물로 먹는다. '껄껄이풀'에 비해서 키가 크고, 꽃이 필 때 뿌리잎이 없으므로 구분된다.

조밥나물 국화과

Hieracium umbellatum L.

줄기는 곧추서며, 가지가 갈라지고, 높이 30~120cm이다. 뿌리잎은 꽃이 필 때 시든다. 줄기잎은 어긋나며, 긴 타원상 피침형 또는 선형, 길이 4~12cm, 너비 0.5~1.2cm, 가장자리가 밋밋하거나 톱니가 있다. 꽃은 줄기와 가지 끝에 지름 2.5~3.0cm의 두상화가 산방 꽃차례 또는 원추 꽃차례처럼 달리며, 노란색이다. 포엽은 선형이고, 길이 2~3mm이다. 열매는 수과, 흑갈색이다.

1 2 3 4 5 6 7 8 9 10 11 12

1997. 10. 15. 제주도

금불초 | 국화과

Inula britannica L. var. *japonica* (Thunb.) Franch. et Sav.

줄기는 곧추서며, 가지가 갈라지고, 높이 30~100cm이다. 뿌리잎과 줄기 아래쪽 잎은 가운데 잎보다 작으며, 꽃이 필 때 마른다. 줄기잎은 어긋나며, 길이 5~10cm, 너비 1~3cm, 끝이 뾰족하고, 가장자리가 밋밋하다. 꽃은 줄기와 가지 끝에 지름 3~4cm의 두상화가 1개씩 달리며, 노란색이다. 포엽은 여러 장이며, 길이 1~4cm이다. 열매는 수과, 털이 있다.

1 2 3 4 5 6 7 8 9 10 11 12

- 분포 / 전국
- 생육지 / 산과 들
- 출현 빈도 / 비교적 흔함
- 생활형 / 여러해살이풀
- 개화기 / 7월 하순~10월 중순
- 결실기 / 9~11월
- 참고 / 어린잎은 나물로 먹고, 꽃은 약재로 쓴다.

2004. 9. 18. 제주도 꽃

- 분포 / 중부 이남
- 생육지 / 습기가 있는 들
- 출현 빈도 / 흔함
- 생활형 / 여러해살이풀
- 개화기 / 8월 초순~10월 하순
- 결실기 / 9~11월
- 참고 / 어린순은 나물로 먹는다.

쑥부쟁이 국화과

Kalimeris yomena Kitam.

뿌리줄기는 길게 뻗는다. 줄기는 가지가 갈라지고, 높이 30~100cm이다. 뿌리잎은 꽃이 필 때 마른다. 줄기잎은 어긋나며, 긴 타원상 피침형, 길이 8~10cm, 너비 2~3cm, 가장자리에 거친 톱니가 있다. 꽃은 가지 끝에 지름 2.5cm 가량의 두상화가 1개씩 달리며, 연한 보라색이다. 중앙의 관상화는 노란색이다. 열매는 수과, 관모는 길이 0.5mm 가량이다.

1	2	3	4	5	6	7	8	9	10	11	12

1997. 9. 8. 한라산

한라고들빼기 국화과

Lactuca hallaisanensis H. Lév.

뿌리는 가늘다. 전체에 털이 없다. 줄기는 밑에서 여러 대로 갈라져 땅 위를 기면서 자라고, 길이 10~30cm이다. 잎은 어긋나며, 회색빛이 도는 녹색이고, 피침형 또는 긴 난형, 가장자리가 불규칙하게 갈라지고, 톱니가 날카롭다. 꽃은 줄기와 가지 끝에 두상화가 몇 개씩 모여 달리며, 노란색이다. 두상화는 모두 설상화로만 이루어진다. 열매는 수과이다.

1 2 3 4 5 6 7 8 9 10 11 12

- 분포 / 한라산
- 생육지 / 고지대 풀밭
- 출현 빈도 / 비교적 드묾
- 생활형 / 한해살이풀
- 개화기 / 8월 중순~9월 하순
- 결실기 / 10~11월
- 참고 / 세계적으로 한라산에서만 자라는 한국 특산 식물이다.

1984. 9. 18. 전라남도 두륜산

- 분포 / 전국
- 생육지 / 산과 들
- 출현 빈도 / 흔함
- 생활형 / 두해살이풀
- 개화기 / 8월 중순~10월 중순
- 결실기 / 9~11월
- 참고 / 어린잎은 나물로 먹는다.

왕고들빼기 국화과

Lactuca indica L.

전체에 털이 없다. 줄기는 곧추서며, 가지가 갈라지고, 높이 60~200cm이다. 뿌리잎은 꽃이 필 때 시든다. 줄기잎은 어긋나며, 줄기 아래쪽 잎은 피침형, 길이 10~30cm, 깊게 갈라진다. 꽃은 줄기와 가지 끝에 지름 2cm 가량의 두상화가 원추 꽃차례처럼 달리며, 노란빛이 도는 흰색이다. 총포는 원통 모양이며, 길이 1.2~1.5cm이다. 열매는 수과이다.

1	2	3	4	5	6	7	8	9	10	11	12

1997. 9. 11. 경상북도 보현산

쇠서나물 국화과

Picris japonica Thunb.

줄기는 곧추서며, 가지가 갈라지고, 높이 60~100cm이다. 뿌리잎은 꽃이 필 때 시든다. 줄기잎은 어긋나며, 아래쪽 것은 도피침형, 길이 8~22cm, 너비 1~4cm, 가장자리에 날카로운 톱니가 있다. 꽃은 가지와 줄기 끝에 지름 1.2~1.5cm의 두상화가 여러 개 달리며, 진한 노란색부터 흰빛이 도는 노란색까지 변이가 심하다. 총포는 종 모양이고, 녹색이다. 열매는 수과이다.

1 2 3 4 5 6 7 8 9 10 11 12

- 분포 / 전국
- 생육지 / 산과 들
- 출현 빈도 / 흔함
- 생활형 / 두해살이풀
- 개화기 / 7월 하순~10월 중순
- 결실기 / 9~10월
- 참고 / 전체에 붉은색의 거친 털이 많다.

1993. 8. 14. 한라산

- 분포 / 전국
- 생육지 / 높은 산 숲 속
- 출현 빈도 / 비교적 흔함
- 생활형 / 여러해살이풀
- 개화기 / 7월 하순~10월 중순
- 결실기 / 9~10월
- 참고 / 어린잎은 나물로 먹는다.

곰취 국화과

Ligularia fischerii (Ledeb.) Turcz.

줄기는 곧추서며, 높이 100~200cm이다. 뿌리잎은 신장상 심장형, 길이 20~30cm, 너비 35~45cm, 가장자리에 규칙적인 톱니가 있고, 잎자루가 길다. 줄기잎은 3장 가량이며 작고, 잎자루 밑이 넓어져 줄기를 감싼다. 꽃은 줄기 끝에 지름 4~5cm의 두상화가 총상꽃차례로 달리며, 노란색이다. 꽃차례는 길이 30cm 가량이다. 포는 1장이다. 열매는 수과이다.

1	2	3	4	5	6	7	8	9	10	11	12

곰취 군락지

1995. 8. 25. 한라산

2003. 9. 21. 경기도 유명산

왕씀배 국화과

Prenanthes blinii (H. Lév.) Kitag.

뿌리는 짧고 굵다. 줄기는 곧추서며, 높이 50~200cm, 붉은 털이 난다. 잎은 어긋나며, 타원형 또는 도란형이고, 길이 20~25cm, 너비 11~14cm, 깃꼴로 갈라지고, 갈래는 1~2쌍으로 난형이다. 잎 밑이 길어져 날개처럼 된다. 꽃은 줄기 끝에 두상화가 원추 꽃차례로 달리며, 노란색이다. 총포는 통 모양, 녹색, 길이 1.5~1.6cm, 조각이 3줄로 붙는다. 열매는 수과, 길이 7~8mm이다.

1	2	3	4	5	6
7	8	9	10	11	12

- 분포 / 한라산, 경기도, 북부 지방
- 생육지 / 숲 속
- 출현 빈도 / 드묾
- 생활형 / 여러해살이풀
- 개화기 / 9월 초순~10월 중순
- 결실기 / 10~11월
- 참고 / 광릉, 유명산 등지에서 드물게 자라며, 중국 둥베이 지방과 우수리에도 분포한다. 원뿌리 주위에 작은 덩이뿌리들이 생겨서 이듬해 싹이 돋는다.

1997. 9. 8. 한라산

- 분포 / 강원도 이남
- 생육지 / 산의 양지바른 풀밭
- 출현 빈도 / 비교적 드묾
- 생활형 / 여러해살이풀
- 개화기 / 8월 초순~10월 중순
- 결실기 / 9~10월
- 참고 / 어린순은 먹을 수 있다. 일본에도 분포한다.

은분취

국화과

Saussurea gracilis Maxim.

줄기는 곧추서며, 가늘고, 길이 10~30cm이다. 뿌리잎은 꽃이 필 때 남아 있고, 삼각형, 길이 5~12cm, 끝이 뾰족하며, 가장자리에 큰 톱니가 있다. 잎은 줄기 위쪽으로 갈수록 작아져서 선형으로 된다. 꽃은 줄기 끝에 두상화가 산방 꽃차례처럼 달리며, 붉은 자주색이다. 총포는 통 모양이며, 길이 1.3~1.6cm, 조각이 9~11줄로 붙고, 조각 뒤에 줄이 7개 있다. 열매는 수과이다.

1 2 3 4 5 6 7 8 9 10 11 12

2002. 8. 18. 지리산

서덜취 국화과

Saussurea grandifolia Maxim.

줄기는 곧추서며, 높이 30~120cm이다. 뿌리잎은 꽃이 필 때 시든다. 줄기잎은 삼각상 난형이고, 길이 8~20cm, 너비 4~13cm, 밑이 심장형이며, 가장자리에 톱니가 있다. 잎 뒷면은 거미줄 같은 털이 난다. 꽃은 줄기 끝에 지름 1.8~2.0cm의 두상화가 총상 꽃차례 또는 원추 꽃차례처럼 달리며, 자주색이다. 총포는 종 모양이고, 길이 1.5~1.8cm이다. 열매는 수과이다.

1 2 3 4 5 6 7 8 9 10 11 12

- 분포 / 전국
- 생육지 / 산의 숲 속
- 출현 빈도 / 비교적 흔함
- 생활형 / 여러해살이풀
- 개화기 / 8월 초순~9월 중순
- 결실기 / 9~10월
- 참고 / 어린잎은 나물로 먹는다.

2000. 9. 6. 강원도 민둥산

- 분포 / 제주도를 제외한 전국
- 생육지 / 산의 숲 속
- 출현 빈도 / 비교적 드묾
- 생활형 / 여러해살이풀
- 개화기 / 9월 중순~10월 하순
- 결실기 / 10~11월
- 참고 / 잎이 빗살처럼 갈라져 있다 하여 이 같은 이름이 붙여졌다.

빗살서덜취 국화과

Saussurea odontolepis (Herder) Sch.-Bip. ex Herder

줄기는 곧추서며, 가지가 갈라지고, 높이 60~100cm, 능선과 거미줄 같은 털이 있다. 뿌리잎은 꽃이 필 때 시든다. 줄기잎은 어긋나며, 아래쪽 것은 깃꼴로 갈라지고, 가장자리에 톱니가 있다. 잎자루는 길이 7~12cm이다. 꽃은 가지와 줄기 끝에 두상화가 산방 꽃차례로 달리며, 붉은 자주색이다. 총포는 통 모양이며, 길이 1.1~1.2cm, 너비 0.4~0.6cm, 자줏빛이 난다. 열매는 수과이다.

1 2 3 4 5 6 7 8 9 10 11 12

2002. 10. 2. 전라남도 흑산도

홍도서덜취 국화과

Saussurea polylepis Nakai

줄기는 곧추서며, 위쪽에서 가지가 갈라지고, 높이 50~70cm이다. 뿌리잎은 꽃이 필 때 없어진다. 줄기잎은 어긋나며, 가운데 부분의 것은 신장형 또는 심장형, 길이 7~8cm, 너비 8~10cm, 가장자리에 불규칙한 톱니가 있다. 꽃은 줄기와 가지 끝에 지름 1.5cm 가량의 두상화가 산방 꽃차례처럼 달리며, 자주색이다. 총포는 길이 8~9mm, 너비 10mm 가량이다. 열매는 수과이다.

1 2 3 4 5 6 7 8 9 10 11 12

- 분포 / 전라남도의 섬
- 생육지 / 숲 속 또는 숲 가장자리
- 출현 빈도 / 드묾
- 생활형 / 여러해살이풀
- 개화기 / 9월 초순~10월 중순
- 결실기 / 10~11월
- 참고 / 가거도, 홍도, 흑산도 등지에서만 자라는 한국 특산 식물이다.

2002. 10. 1. 전라남도 홍도

흰색 꽃

1997. 9. 28. 설악산

각시취 국화과

Saussurea pulchella (Fisch.) Fisch.

줄기는 곧추서며, 주름이 있고, 높이 30~150cm이다. 뿌리잎과 줄기 아래쪽 잎은 잎자루가 있으며, 깃꼴로 갈라지고, 끝이 뾰족하다. 잎의 양 면에 가는 털과 샘점이 있다. 꽃은 줄기와 가지 끝에 지름 1.2~1.6cm의 두상화가 산방 꽃차례처럼 달리며, 자주색 또는 드물게 흰색이다. 총포는 넓은 종 모양이다. 두상화는 모두 관상화이며, 관상화는 길이 1.1~1.3cm이다. 열매는 수과이다.

1 2 3 4 5 6 7 8 9 10 11 12

- 분포 / 제주도를 제외한 전국
- 생육지 / 산과 들의 양지바른 곳
- 출현 빈도 / 비교적 흔함
- 생활형 / 두해살이풀
- 개화기 / 8월 초순~10월 하순
- 결실기 / 9~11월
- 참고 / 잎의 모양이 전혀 갈라지지 않은 것에서부터 깃꼴로 깊게 갈라지는 것까지 변이가 심하다. 어린 잎은 나물로 먹는다.

2003. 9. 21. 경기도 유명산

- 분포 / 전국
- 생육지 / 산과 들의 양지바른 곳
- 출현 빈도 / 비교적 드묾
- 생활형 / 여러해살이풀
- 개화기 / 9월 중순~10월 하순
- 결실기 / 9~11월
- 참고 / 잎이 '쑥'의 잎처럼 생겼다 하여 이 같은 이름이 붙여졌다. 쑥 향기나 국화 향기는 나지 않는다.

쑥방망이 국화과

Senecio argunensis Turcz.

줄기는 곧추서며, 가지가 많이 갈라지고, 높이 60~150cm, 거미줄 같은 털이 있다. 뿌리잎은 꽃이 필 때 시든다. 줄기잎은 어긋나며, 난상 긴 타원형, 깃꼴로 갈라지고, 길이 8~10cm, 너비 4~6cm이다. 잎의 앞면은 털이 없고 뒷면은 거미줄 같은 털이 있다. 잎자루는 없다. 꽃은 줄기와 가지 끝에 지름 2~3cm의 두상화가 산방 꽃차례처럼 달리며, 노란색이다. 열매는 수과이다.

1 2 3 4 5 6 7 8 9 10 11 12

1995. 8. 4. 한라산

금방망이 　국화과

Senecio nemorensis L.

줄기는 곧추서며, 높이 50~100cm이다. 잎은 어긋나며, 피침형 또는 타원형, 길이 5~22 cm, 너비 1~7cm, 끝이 뾰족하고, 밑이 줄기를 감싸며, 가장자리에 톱니가 있다. 꽃은 줄기 끝에 지름 1.7~2.5cm의 두상화가 모여 겹산방 꽃차례로 달리며, 밝은 노란색이다. 총포는 통 모양이며, 총포 조각은 피침형, 끝이 날카롭다. 열매는 수과이다.

1 2 3 4 5 6 7 8 9 10 11 12

- 분포 / 전국의 높은 산, 서해안 섬, 북부 지방
- 생육지 / 숲 속이나 풀밭
- 출현 빈도 / 드묾
- 생활형 / 여러해살이풀
- 개화기 / 7월 중순~9월 하순
- 결실기 / 9~10월
- 참고 / 남한에서는 한라산, 덕유산, 태백산, 설악산의 능선과 대청도, 백령도 등 서해안 섬에서 발견된다.

2001. 8. 12. 강원도 금대봉

산비장이 국화과

Serratula coronata L. var. *insularis* (Iljin) Kitam. ex Ohwi

뿌리줄기는 목질이다. 줄기는 곧추서며, 위쪽에서 가지가 갈라지고, 높이 30~150cm이다. 잎은 어긋난다. 줄기 아래쪽과 가운데 잎은 잎자루가 있고, 난상 타원형이며, 깃꼴로 완전히 갈라진다. 꽃은 줄기와 가지 끝에 지름 3~4cm의 두상화가 1개씩 달리며, 자주색이다. 총포는 단지 모양이며, 조각이 7줄로 붙는다. 열매는 수과, 원통 모양이다.

- 분포 / 전국
- 생육지 / 산과 들
- 출현 빈도 / 비교적 흔함
- 생활형 / 여러해살이풀
- 개화기 / 8월 중순~10월 하순
- 결실기 / 9~11월
- 참고 / 한국 특산 식물로 보기도 하지만, 일본의 것과 같은 것이다. 어린잎은 나물로 먹는다.

1 2 3 4 5 6 7 8 9 10 11 12

2003. 9. 20. 경기도 꽃

진득찰 국화과

Siegesbeckia glabrescens (Makino) Makino

줄기는 가지가 마주나고, 높이 40~100cm, 붉은빛이 돈다. 줄기 가운데 잎은 난상 삼각형이고, 길이 5~13cm, 너비 3~11cm, 가장자리에 톱니가 있고, 밑이 잎자루로 흘러서 날개처럼 된다. 꽃은 가지 끝에 산방 꽃차례처럼 달린다. 총포 조각은 5개이며, 녹색, 주걱 모양, 길이 1.0~1.2cm, 샘털이 난다. 설상화는 길이 1.5~2.5mm이고, 노란색이다. 관상화는 5갈래로 갈라진다. 열매는 수과이다.

1 2 3 4 5 6 7 8 9 10 11 12

- 분포 / 전국
- 생육지 / 산과 들
- 출현 빈도 / 흔함
- 생활형 / 한해살이풀
- 개화기 / 8월 초순~9월 중순
- 결실기 / 9~10월
- 참고 / 밭이나 길가에 흔하게 자라는 잡초이다. 열매는 끈적끈적하고, 다른 물체에 잘 달라붙는다.

2003. 9. 26. 경상남도 고성

꽃

- 분포 / 전국
- 생육지 / 산과 들
- 출현 빈도 / 흔함
- 생활형 / 한해살이풀
- 개화기 / 8월 초순~9월 중순
- 결실기 / 9~10월
- 참고 / '진득찰'에 비해서 잎과 줄기에 흰색 긴 털이 많이 나며, 꽃대에는 샘털도 나므로 구분된다.

털진득찰

국화과

Siegesbeckia pubescens (Makino) Makino

줄기는 곧추서며, 높이 60~120cm이다. 잎은 마주나며, 줄기 가운데 잎은 난형 또는 난상 삼각형이고, 길이 8~19cm, 너비 7~18 cm, 가장자리에 톱니가 있다. 잎의 양 면에 털이 많다. 꽃은 가지 끝에 산방 꽃차례처럼 달린다. 꽃대는 1.5~3.5cm, 샘털이 많다. 총포 조각은 5개이며, 길이 1.0~1.2cm이고 선형이다. 설상화는 암꽃이고, 길이 3.5mm 가량이다. 관상화는 양성화이다. 열매는 수과이다.

1	2	3	4	5	6	7	8	9	10	11	12

1988. 9. 5. 한라산

미역취 국화과

Solidago virgaurea L. var. *asiatica* Nakai

줄기는 곧추서고, 위쪽에서 가지가 갈라지기도 하며, 높이 30~80cm이다. 잎은 어긋나며, 긴 타원형 또는 피침형, 길이 7~9cm, 너비 1.5~5.0cm, 가장자리에 톱니가 있다. 꽃은 줄기 끝과 위쪽의 잎겨드랑이에 두상화가 산방상 이삭 꽃차례처럼 달리며, 노란색이다. 두상화는 지름 5~10mm이며, 가장자리에 설상화, 안쪽에 관상화가 핀다. 열매는 수과, 털이 조금 있거나 없다.

1 2 3 4 5 6 7 8 9 10 11 12

- 분포 / 전국
- 생육지 / 산과 들
- 출현 빈도 / 흔함
- 생활형 / 여러해살이풀
- 개화기 / 7월 중순~10월 중순
- 결실기 / 9~10월
- 참고 / 어린잎은 나물로 먹는다.

1995. 9. 26. 경상북도 울릉도

- 분포 / 울릉도
- 생육지 / 숲 속
- 출현 빈도 / 비교적 드묾
- 생활형 / 여러해살이풀
- 개화기 / 9월 초순~10월 중순
- 결실기 / 9~11월
- 참고 / '미역취'에 비해 전체가 크며, '나래미역취'라고도 한다. 울릉도에서는 나물로 재배하기도 한다. 일본에도 분포한다.

울릉미역취 국화과

Solidago virgaurea L. var. *gigantea* Nakai

줄기는 굵고, 위쪽에서 가지가 갈라지며, 높이 60~80cm이다. 잎은 어긋나며, 넓은 난형 또는 난상 긴 타원형, 길이 10~15cm, 너비 7~10cm, 밑이 둥글고, 가장자리에 톱니가 있다. 꽃은 가지 끝에 빽빽하게 많이 달리며, 노란색이다. 두상화는 지름 12mm 가량이다. 총포는 종 모양이며, 길이 5mm 가량이다. 설상화는 1줄로 붙는다. 열매는 수과, 위쪽에 털이 난다.

1	2	3	4	5	6	7	8	9	10	11	12

1992. 8. 19. 인천광역시 영종도

사데풀 국화과

Sonchus brachyotus DC.

뿌리줄기는 옆으로 길게 뻗는다. 줄기는 곧추서며, 가지가 갈라지고, 높이 50~100cm, 속이 비어 있다. 줄기잎은 어긋나며, 긴 타원형, 길이 12~18cm, 너비 1~3cm, 끝이 둔하고, 잎 가장자리에 톱니가 있거나 밋밋하다. 꽃은 줄기 끝에 지름 3~4cm의 두상화가 산형 꽃차례처럼 달리며, 밝은 노란색이다. 총포는 통 모양이며, 길이 1.6~2.0cm이다. 열매는 수과이다.

1 2 3 4 5 6 7 8 9 10 11 12

- 분포 / 전국
- 생육지 / 바닷가 또는 들판
- 출현 빈도 / 흔함
- 생활형 / 여러해살이풀
- 개화기 / 8월 초순~10월 중순
- 결실기 / 9~11월
- 참고 / 어린잎은 나물로 먹는다. 줄기나 잎을 자르면 흰 즙이 나온다.

1987. 8. 25. 설악산

수리취 국화과

Synurus deltoides (Aiton) Nakai

줄기는 곧추서며, 거미줄 같은 털이 나고, 높이 50~100cm이다. 뿌리잎은 꽃이 필 때 시든다. 줄기잎은 어긋나며, 줄기 아래쪽 것은 난형 또는 난상 심장형이고, 길이 10~20cm이다. 꽃은 줄기 끝에 지름 4~5cm의 두상화가 1개씩 달리며, 검은빛이 도는 자주색이다. 총포는 둥근 종 모양이고, 길이 2.1~2.7cm, 조각은 끝이 날카롭다. 열매는 수과, 관모는 갈색이다.

1 2 3 4 5 6 7 8 9 10 11 12

- 분포 / 전국
- 생육지 / 산의 건조한 풀밭
- 출현 빈도 / 흔함
- 생활형 / 여러해살이풀
- 개화기 / 8월 중순~10월 하순
- 결실기 / 10~11월
- 참고 / 어린잎은 떡에 섞어 먹으므로 강원도에서는 '떡취'라고도 한다. 마른 잎은 부싯깃으로 사용한다.

1997. 10. 15. 제주도

도꼬마리 국화과

Xanthium strumarium L.

줄기는 곧추서며, 가지가 많이 갈라지고, 높이 20~100cm이다. 잎은 어긋나며, 난상 삼각형이고, 길이 8~12cm, 너비 9~13cm, 3~5갈래로 갈라지고, 가장자리에 톱니가 있다. 잎의 양 면에 거친 털이 난다. 꽃은 암수 한포기로 피며, 가지와 줄기 끝에 원추 꽃차례처럼 달리고, 노란색이다. 수꽃 두상화는 둥글고, 위쪽에 달린다. 암꽃은 2개씩 달리며, 화관이 없다. 열매는 수과, 둥근 타원형이다.

1 2 3 4 5 6 7 8 9 10 11 12

- 분포 / 전국
- 생육지 / 들판
- 출현 빈도 / 흔함
- 생활형 / 한해살이풀
- 개화기 / 8월 초순~9월 하순
- 결실기 / 9~11월
- 참고 / 열매는 약재로 쓴다. 밭이나 길가에 흔하게 자라는 잡초이다. 열매에 갈고리 같은 가시가 있어서 다른 물체에 잘 달라붙는다.

1990. 9. 15. 충청북도 속리산

까치고들빼기 국화과

Youngia chelidoniifolia (Makino) Kitam.

- 분포 / 전국
- 생육지 / 숲 속 바위 부근
- 출현 빈도 / 비교적 흔함
- 생활형 / 한해살이풀
- 개화기 / 8월 초순~10월 중순
- 결실기 / 10~11월
- 참고 / 어린잎은 나물로 먹는다. 가을에 시들어 썩으면 고약한 냄새가 난다.

전체가 연하고 털이 없다. 줄기는 밑에서 가지가 많이 갈라지며, 높이 15~50cm이다. 잎은 어긋나며, 얇고, 깃꼴로 완전히 갈라진다. 잎줄기에 날개가 없고, 잎 밑은 줄기를 감싼다. 꽃은 줄기와 가지 끝에 지름 1cm 가량의 두상화가 산방 꽃차례처럼 달리며, 노란색이다. 총포는 좁은 통 모양이며, 꽃이 진 뒤에 아래쪽이 볼록하게 된다. 열매는 수과이다.

1 2 3 4 5 6 7 8 9 10 11 12

2003. 10. 9. 전라남도 흑석산

이고들빼기 국화과

Youngia denticulata (Houtt.) Kitam.

줄기는 가지가 많이 갈라지며, 높이 30~120cm이다. 뿌리잎은 꽃이 필 때 시든다. 줄기잎은 어긋나며, 주걱형, 길이 6~11cm, 너비 3~7cm, 가장자리에 톱니가 있다. 줄기 위쪽의 잎은 줄기를 감싸지만 아래쪽의 잎은 감싸지 않는다. 꽃은 줄기 끝에 두상화 10~13개가 산방 꽃차례처럼 달리며, 노란색이다. 두상화는 지름 1.5cm 가량이며, 꽃이 진 뒤에 밑으로 처진다. 열매는 수과이다.

1	2	3	4	5	6	7	8	9	10	11	12

- 분포 / 전국
- 생육지 / 산과 들
- 출현 빈도 / 흔함
- 생활형 / 한해살이풀
- 개화기 / 8월 초순~10월 하순
- 결실기 / 9~11월
- 참고 / 어린순은 나물로 먹는다. '고들빼기'와 달리 꽃이 진 뒤에 밑으로 처지며, 잎은 줄기를 감싸지 않는 것도 있으므로 구분된다.

2002. 10. 10. 경상남도 금오산

지리고들빼기 국화과

Youngia koidzumiana Kitam.

줄기는 가지가 갈라지며, 높이 20~40cm이고, 털이 없다. 뿌리잎은 꽃이 필 때 시든다. 줄기 가운데 잎은 긴 타원형이며, 밑이 줄기를 감싸고, 깃꼴로 갈라지며, 가장자리에 굵은 톱니가 있다. 꽃은 줄기와 가지 끝에 두상화가 산방 꽃차례처럼 달리며, 노란색이다. 꽃대는 길이 3~12mm이고, 포가 1~3장 있다. 두상화는 설상화 5~6개로 이루어진다. 열매는 수과, 방추형이다.

1	2	3	4	5	6	7	8	9	10	11	12

- 분포 / 남부 지방
- 생육지 / 숲 속
- 출현 빈도 / 비교적 흔함
- 생활형 / 두해살이풀
- 개화기 / 8월 중순~10월 하순
- 결실기 / 9~11월
- 참고 / 한국 특산 식물이며 지리산에서 발견되었다 하여 이 같은 이름이 붙여졌다. '까치고들빼기'와 달리 잎줄기에 날개가 있으므로 구분된다.

2003. 6. 7. 경기도 불곡산

고들빼기 국화과

Youngia sonchifolia (Bunge) Maxim.

줄기는 가지가 많이 갈라지며, 높이 20~100cm이고, 자줏빛이 돈다. 뿌리잎은 꽃이 필 때 남아 있기도 한다. 줄기잎은 어긋나며, 난형 또는 난상 타원형, 길이 2~6cm, 밑이 넓어져서 줄기를 감싸고, 가장자리에 톱니가 있다. 꽃은 줄기와 가지 끝에서 두상화가 산방꽃차례처럼 달리며, 노란색이다. 꽃대는 길이 5~9mm이다. 총포는 길이 5~6mm이고, 화관은 지름 7~8mm이다. 열매는 수과이다.

1 2 3 4 5 6 7 8 9 10 11 12

- 분포 / 전국
- 생육지 / 산과 들
- 출현 빈도 / 흔함
- 생활형 / 한해살이풀
- 개화기 / 5월 초순~10월 중순
- 결실기 / 6~11월
- 참고 / 어린잎과 뿌리는 김치를 담가 먹는다. 전체에서 쓴맛이 난다.

1998. 9. 4. 충청북도 단양

- 분포 / 전국
- 생육지 / 연못이나 논
- 출현 빈도 / 흔함
- 생활형 / 여러해살이 수생식물
- 개화기 / 6월 하순~10월 초순
- 결실기 / 8~10월
- 참고 / '벗풀(*S. trifolia* L.)'에 비해서 흔하게 볼 수 있으며, 땅 속에 기는 줄기가 없고, 무성 생식을 하는 덩이줄기가 잎겨드랑이에 생기므로 구분된다.

보풀 택사과

Sagittaria aginashi (Makino) Makino

뿌리줄기는 짧고, 기는줄기는 없다. 작은 덩이줄기가 잎겨드랑이에 생긴다. 잎은 뿌리에서 여러 장이 모여나며, 화살 모양이고, 위쪽 갈래는 피침형 또는 선형으로 길이 7.5~17.5cm, 아래쪽 두 갈래는 위쪽 갈래보다 조금 작다. 잎자루는 길이 15~40cm이다. 꽃은 암수 한포기로 피며, 꽃줄기 위쪽에 층층이 달려서 원추 꽃차례를 이루고, 흰색이다. 꽃자루는 길이 1~2cm이다. 열매는 수과이다.

1 2 3 4 5 6 7 8 9 10 11 12

1997. 9. 1. 전라북도 김제

자라풀 | 자라풀과

Hydrocharis dubia (Blume) Backer

줄기는 길게 옆으로 뻗는다. 물 속의 턱잎은 난상 피침형이며, 막질이다. 물 위의 잎은 둥근 심장형이고, 뒷면에 공기 주머니가 있다. 잎 가장자리는 밋밋하다. 꽃은 암수 한포기로 물 위에서 피며, 흰색, 지름 2~3cm이다. 수꽃은 1장의 포에 2~3개가 피고, 암꽃은 1장의 포에 2개가 생겨 1개만 성숙한다. 꽃받침과 꽃잎은 각각 3장이다. 열매는 장과 같으며, 육질이다.

1 2 3 4 5 6 7 8 9 10 11 12

- 분포 / 중부 이남 및 서해안 섬
- 생육지 / 연못과 도랑
- 출현 빈도 / 비교적 드묾
- 생활형 / 여러해살이 수생식물
- 개화기 / 8월 초순~10월 중순
- 결실기 / 9~11월
- 참고 / 잎 뒤에 있는 볼록한 해면질 공기 주머니가 자라의 등을 닮았다 하여 이 같은 이름이 붙여졌다.

2000. 9. 7. 강원도 삼척

- 분포 / 전국
- 생육지 / 연못과 논
- 출현 빈도 / 비교적 드묾
- 생활형 / 한해살이 수생 식물
- 개화기 / 8월 초순~10월 초순
- 결실기 / 10~11월
- 참고 / 물 속에 살면서 잎이 '질경이'의 잎처럼 생겼다 하여 이 같은 이름이 붙여졌다.

물질경이 자라풀과

Ottelia alismoides (L.) Pers.

잎은 뿌리에서 모여나며, 넓은 난형, 길이 10~25cm, 너비 2~15cm, 가장자리에 주름과 톱니가 있고, 맥이 5~9개 있다. 꽃은 10~30cm의 꽃줄기 끝에 1개씩 피며, 흰색 또는 붉은색이고, 지름 2~4cm이다. 포는 1장이고, 통처럼 되며, 닭벼슬 같은 날개가 있고, 길이 3~4cm이다. 꽃받침과 꽃잎은 3장씩이다. 수술은 6개이며, 수술대는 꽃밥보다 길이가 짧다. 열매는 장과 모양이다.

1	2	3	4	5	6	7	8	9	10	11	12

1998. 9. 4. 충청북도 단양

가래 가래과

Potamogeton distinctus A. Benn.

줄기는 길이 10~60cm이다. 잎은 어긋난다. 물 속의 잎은 피침형이고, 길이 8~10cm, 막질이다. 물 위의 잎은 긴 타원형이며, 길이 4.5~6.0cm, 너비 2.0~2.5cm, 가장자리가 밋밋하다. 꽃은 잎겨드랑이에 나서 물 위로 올라온 꽃줄기 끝에 이삭 꽃차례로 빽빽하게 달리며, 노란빛이 도는 녹색이다. 화피는 없고, 꽃밥이 꽃잎처럼 보인다. 수술은 4개이고 암술은 1~4개이다. 열매는 수과 모양이다.

1 2 3 4 5 6 7 8 9 10 11 12

- 분포 / 전국
- 생육지 / 연못과 논
- 출현 빈도 / 흔함
- 생활형 / 여러해살이 수생식물
- 개화기 / 6월 중순~9월 중순
- 결실기 / 8~10월
- 참고 / 물 속과 물 위의 잎 모양이 서로 다르다. 물 속의 잎은 얇고, 물 위의 잎은 두꺼우며 녹색으로 윤이 난다.

2001. 9. 23. 한라산

- 분포 / 남한의 높은 산 및 북부 지방
- 생육지 / 높은 산 숲 속
- 출현 빈도 / 비교적 드묾
- 생활형 / 여러해살이풀
- 개화기 / 9월 초순~10월 하순
- 결실기 / 10~11월
- 참고 / 한라산, 지리산, 덕유산, 월악산 등지에 분포하며, 잎을 자르면 단면이 반원형이고 속이 비어 있다.

한라부추 백합과

Allium cyaneum Regel

비늘줄기는 긴 난형이며, 길이 2cm 가량이다. 잎은 2~6장이고 선형이며, 길이 20~30cm, 너비 1~3mm이다. 꽃은 꽃줄기 끝에서 여러 개가 산형 꽃차례로 달리며, 자주색 또는 드물게 흰색이다. 꽃줄기는 곧추서며, 길이 15~35cm로서 잎보다 길다. 총포는 2장이며, 막질이다. 꽃자루는 길이 6~13mm이다. 화피는 6장, 타원형이며, 길이 4~7mm, 뒷면에 녹색 줄이 있다. 열매는 삭과이다.

1 2 3 4 5 6 7 8 9 10 11 12

1996. 9. 5. 설악산

참산부추 백합과

Allium sacculiferum Maxim.

비늘줄기는 난형이며, 길이 2.5~3.5cm이다. 잎은 3~8장이며, 선형이고, 길이 20~50cm, 너비 0.3~1.0cm, 자른 면은 납작하고 속이 차 있다. 잎 뒷면은 주맥이 뚜렷하다. 꽃은 15~60cm의 꽃줄기 끝에 둥근 산형 꽃차례로 달리며, 자주색이다. 화피는 6장이며, 타원형이고, 길이 3~6mm이다. 수술은 6개이며, 화피 밖으로 길게 나온다. 수술대 사이에 이 모양의 돌기가 있거나 없다. 열매는 삭과이다.

1 2 3 4 5 6 7 8 **9 10 11** 12

- 분포 / 전국
- 생육지 / 숲 속 또는 능선의 건조한 곳
- 출현 빈도 / 흔함
- 생활형 / 여러해살이풀
- 개화기 / 9월 초순~11월 초순
- 결실기 / 9~11월
- 참고 / 전체를 식용한다. '산부추'와 달리 잎을 자른 단면이 평평하고 뒷면의 맥이 뚜렷하므로 구분된다.

1995. 9. 26. 경상북도 울릉도

- 분포 / 울릉도 및 동해안 산, 북부 지방
- 생육지 / 산의 저지대
- 출현 빈도 / 비교적 드묾
- 생활형 / 여러해살이풀
- 개화기 / 9월 초순~10월 중순
- 결실기 / 9~11월
- 참고 / 주로 울릉도에 분포하며, 동해안의 몇몇 산에서도 발견되었다. 비늘줄기를 이어 주는 뿌리줄기가 있다.

두메부추 백합과

Allium senescens L.

비늘줄기는 난상 타원형이며, 길이 3.5~4.0cm이다. 뿌리줄기는 길다. 잎은 5~9장이며, 선형이고, 길이 25~40cm, 너비 0.6~1.3 cm, 자른 면은 반타원형이고 속이 차 있다. 꽃은 30~50cm의 꽃줄기 끝에 산형 꽃차례로 많이 달리며, 연분홍색이다. 꽃줄기는 위쪽이 납작하며, 좁은 날개가 있다. 화피는 6장이며, 난상 피침형이고, 길이 5~7mm이다. 수술은 화피보다 길다. 열매는 삭과이다.

1 2 3 4 5 6 7 8 9 10 11 12

1983. 10. 3. 서울 관악산

산부추 백합과

Allium thunbergii G. Don

비늘줄기는 난형이고 길이는 2~3cm이다. 잎은 3~6장이며, 선형이고, 길이 20~50cm, 너비 0.3~0.7cm, 꽃줄기보다 짧다. 잎을 자른 단면은 삼각형이고 속이 차 있다. 꽃은 꽃줄기 끝에 둥근 산형 꽃차례로 달리며, 자주색이다. 꽃줄기는 길이 45~100cm이며, 둥글다. 포는 넓은 난형으로 끝이 뾰족하다. 화피는 6장이며, 타원형이고, 길이 4~7mm이다. 수술은 6개이며, 화피보다 길다. 씨방은 녹색이고, 자른 면은 둥글다. 열매는 삭과이다.

1	2	3	4	5	6	7	8	9	10	11	12

- 분포 / 전국
- 생육지 / 숲 속 또는 능선
- 출현 빈도 / 흔함
- 생활형 / 여러해살이풀
- 개화기 / 9월 하순~11월 초순
- 결실기 / 10~11월
- 참고 / 전체를 식용한다. '참산부추'에 비해서 잎이 보통 꽃줄기보다 짧고, 잎 아래쪽을 자른 단면이 삼각형이므로 구분된다.

1989. 8. 30. 서울 관악산

꽃

- 분포 / 경상북도 이북
- 생육지 / 들판의 양지바른 바위 지대
- 출현 빈도 / 비교적 드묾
- 생활형 / 여러해살이풀
- 개화기 / 6월 중순~10월 중순
- 결실기 / 9~11월
- 참고 / 전체에서 독특한 냄새가 나며, 식용한다. 재배하기도 하지만 강원도 평창, 경상북도 경산, 충청북도 단양 등지에 자생한다.

부추 백합과

Allium tuberosum Rottler

비늘줄기는 좁은 난형이며, 갈색이 도는 노란 섬유가 남아 있고, 짧은 뿌리줄기로 이어져 옆으로 줄지어 난다. 잎은 3~8장이며, 선형이고, 길이 20~40cm, 너비 0.3~0.4cm, 자른 면은 납작하고 속이 차 있다. 꽃은 30~50cm의 꽃줄기 끝에 반구형의 산형 꽃차례로 피며, 지름 6~7mm, 흰색이다. 화피는 6장이고, 긴 타원상 피침형이며, 길이 5~6mm, 끝이 뾰족하고 활짝 벌어진다. 꽃밥은 노란색이다. 열매는 삭과이다.

1	2	3	4	5	6	7	8	9	10	11	12

1996. 8. 15. 충청남도 무성산

뻐꾹나리 　백합과

Tricyrtis macropoda Miq.

줄기는 곧추서며, 높이 40~100cm이다. 잎은 어긋나며, 넓은 타원형이고, 길이 5~15 cm, 너비 2~7cm, 가장자리가 밋밋하다. 잎 끝은 뾰족하고, 밑은 줄기를 감싼다. 꽃은 줄기 끝과 위쪽 잎겨드랑이에 산방 꽃차례로 달리며, 흰색 바탕에 자주색 반점이 있다. 화피는 6장이고, 2줄로 붙으며, 뒤로 조금 젖혀진다. 외화피는 넓은 난형이고 내화피는 피침형이다. 열매는 삭과이다.

1 2 3 4 5 6 7 8 9 10 11 12

- 분포 / 경기도 분당 이남
- 생육지 / 숲 속
- 출현 빈도 / 비교적 드묾
- 생활형 / 여러해살이풀
- 개화기 / 8월 초순~9월 중순
- 결실기 / 9~10월
- 참고 / 어린순은 먹을 수 있다. 한국 특산으로 보기도 하지만, 일본과 중국의 것과 같은 것이다.

1997. 9. 5. 전라남도 백양사

- 분포 / 중부 이남
- 생육지 / 숲 속
- 출현 빈도 / 드묾
- 생활형 / 여러해살이풀
- 개화기 / 8월 초순~10월 초순
- 결실기 / 9~10월
- 참고 / 새로운 비늘줄기가 여러 개 생겨서 무성 생식을 하며, 드물게 결실한다. 백양사, 경주, 거제도 등지에 분포하며, 일본에도 자란다.

백양꽃 | 수선화과

Lycoris sanguinea Maxim. var. *koreana* (Nakai) T. Koyama

비늘줄기는 난형이며, 길이 3~4cm이고, 검은빛이 나는 갈색이다. 잎은 비늘줄기 끝에 모여나며, 꽃이 필 때 시들고, 선형, 길이 50~60cm, 너비 1.0~1.2cm, 녹색이다. 꽃은 길이 30cm 가량의 꽃줄기 끝에서 4~6개가 산형 꽃차례로 달리며, 옆을 향하고, 노란빛이 도는 주홍색이다. 꽃자루는 길이 2cm 가량이다. 총포는 2장이고 피침형이다. 화피는 6장이고, 길이 4~6cm이다. 열매는 삭과이다.

1	2	3	4	5	6	7	8	9	10	11	12

1994. 9. 5. 강원도 속초

물옥잠 | 물옥잠과

Monochoria korsakowii Regel et Maack

줄기는 곧추서며, 높이 20~30cm이다. 잎은 어긋나며, 심장형이고, 길이와 너비 4~15cm, 가장자리가 밋밋하고, 끝이 뾰족하다. 잎자루는 위로 갈수록 짧고, 밑이 넓어져서 줄기를 감싼다. 꽃은 줄기 끝에 총상 꽃차례로 달리며, 푸른 보라색이고, 지름 2.5~3.0cm이다. 꽃차례는 길이 5~15cm이며, 아래쪽에 엽초 같은 포가 있다. 화피 갈래는 6장이다. 열매는 삭과, 난상 긴 타원형이다.

1 2 3 4 5 6 7 8 9 10 11 12

- 분포 / 전국
- 생육지 / 논 또는 강변 습지
- 출현 빈도 / 비교적 흔함
- 생활형 / 한해살이 수생식물
- 개화기 / 8월 초순~10월 하순
- 결실기 / 10~11월
- 참고 / 꽃이 아름다워 관상 가치가 높다. '물달개비'에 비해서 전체가 크고, 꽃이 여러 개 모여 달려서 더 화려하다.

1990. 10. 15. 경기도

- 분포 / 황해도 이남
- 생육지 / 연못이나 논의 얕은 물
- 출현 빈도 / 흔함
- 생활형 / 여러해살이 수생식물
- 개화기 / 9월 중순~10월 하순
- 결실기 / 10~11월
- 참고 / '물옥잠'에 비해서 꽃차례가 잎겨드랑이에서 나고, 길이가 짧으므로 구분된다.

물달개비 물옥잠과

Monochoria vaginalis (Burm. fil.) C. Presl ex Kunth

줄기는 5~6대가 모여나며, 높이 10~25cm이다. 뿌리잎은 3~4장이다. 줄기잎은 1장씩 붙고, 넓은 피침형 또는 삼각상 난형, 길이 3~7cm, 너비 1.5~3.0cm, 밑이 둥글거나 얕은 심장형이다. 잎자루는 4~6cm이다. 꽃은 잎보다 훨씬 짧은 총상 꽃차례에 3~7개씩 달리며, 푸른 보라색이고, 지름 1.5~2.0cm이다. 꽃차례는 꽃이 진 뒤에 밑으로 기울어진다. 화피는 6장이고, 길이 1cm 가량이다. 열매는 삭과이다.

1	2	3	4	5	6	7	8	9	10	11	12

2003. 9. 2. 인천광역시 대청도

대청부채 붓꽃과

Iris dichotoma Pall.

줄기는 곧추서며, 위쪽에서 가지가 갈라지고, 높이 50~100cm이다. 잎은 칼 모양이고, 길이 20~30cm, 너비 2.0~2.5cm, 녹색, 줄기 아래쪽에 6~8장이 2줄로 나서 부챗살처럼 된다. 꽃은 가지 끝에서 꽃대가 2갈래로 몇 번 갈라져 취산 꽃차례를 이루며, 분홍색을 띤 보라색이다. 꽃자루는 길이 1~3cm이다. 수술은 3개이고, 암술대는 3갈래로 갈라지며, 꽃잎 모양이다. 열매는 삭과이다.

1	2	3	4	5	6	7	8	9	10	11	12

- 분포 / 대청도, 백령도 및 평안북도
- 생육지 / 풀밭 또는 바위지대
- 출현 빈도 / 드묾
- 생활형 / 여러해살이풀
- 개화기 / 8월 중순~9월 중순
- 결실기 / 9~10월
- 참고 / 멸종 위기 II급. 씨앗으로 번식되므로 자생지 외의 보전은 문제가 없다. 꽃은 오후 3~4시에 피어 밤 10시에 진다.

1995. 8. 20. 한라산

- 분포 / 제주도
- 생육지 / 삼나무 숲 속
- 출현 빈도 / 비교적 드묾
- 생활형 / 한해살이 부생식물
- 개화기 / 8월 하순~10월 중순
- 결실기 / 9~11월
- 참고 / '버어먼초'에 비해서 전체가 더 작으며, 꽃은 꽃자루가 없어서 두상 꽃차례를 이루고, 화관은 통 부분에 날개가 없으므로 구분된다.

애기버어먼초 　버어먼초과

Burmannia championii Thwaites

전체에 엽록소가 없어 흰색을 띤다. 뿌리줄기는 둥글다. 줄기는 곧추서며, 가지가 갈라지지 않고, 높이 3~15cm이다. 잎은 비늘 같으며, 피침형이고, 길이 1.5~4.0mm, 끝이 뾰족하다. 꽃은 줄기 끝에 2~10개가 두상 꽃차례처럼 모여서 달리며, 흰색이다. 포엽은 비늘잎 모양이고, 길이 3mm 가량이다. 꽃은 통부를 포함해 길이 6~10mm, 끝이 3갈래로 갈라진다. 외화피는 3장, 삼각형이며, 길이 1.5mm 가량, 끝이 뾰족하다. 내화피는 3장, 주걱 모양이며, 끝이 둥글다. 열매는 삭과이다.

1	2	3	4	5	6	7	8	9	10	11	12

1994. 10. 30. 제주도

버어먼초 버어먼초과

Burmannia cryptopetala Makino

전체에 엽록소가 없어 흰색을 띤다. 줄기는 곧추서며, 가지가 갈라지지 않고, 높이 5~15 cm이다. 잎은 비늘 같으며, 피침형 또는 좁은 난형이고, 길이 3~4mm이다. 꽃은 줄기 끝에서 산형 또는 겹산형 꽃차례로 모여 달리며, 흰색이다. 화관은 위를 향하며, 흰색이지만 위쪽은 노란색을 띠고, 길이 8~10mm이다. 외화피는 3장으로 난형이며, 길이 1.5~2.0mm이다. 내화피는 없다. 열매는 삭과이다.

1 2 3 4 5 6 7 8 **9** **10** 11 12

- 분포 / 제주도
- 생육지 / 삼나무 숲 속
- 출현 빈도 / 비교적 드묾
- 생활형 / 한해살이 부생 식물
- 개화기 / 9월 초순~10월 중순
- 결실기 / 9~10월
- 참고 / '애기버어먼초' 와 함께 삼나무 숲에서만 발견되는데, 삼나무가 일본에서 도입될 때 딸려 들어 왔을 가능성이 있다.

1982. 8. 19. 서울 관악산

- 분포 / 전국
- 생육지 / 산과 들
- 출현 빈도 / 흔함
- 생활형 / 한해살이풀
- 개화기 / 7월 초순~10월 하순
- 결실기 / 9~11월
- 참고 / 어린순은 먹을 수 있으며, 꽃은 염색에 이용하고, 전초는 약으로 쓴다.

닭의장풀 닭의장풀과

Commelina communis L.

줄기는 아래쪽이 비스듬히 자라며, 밑에서 가지가 갈라지고, 높이 15~50cm이다. 잎은 어긋나며, 난상 피침형이고, 길이 5~7cm, 너비 1~3cm, 밑이 막질의 엽초로 된다. 꽃은 잎겨드랑이에서 나온 2~3cm의 꽃대 끝에 몇 개가 취산 꽃차례처럼 달리며, 하루 만에 시든다. 포엽은 넓은 심장형이고, 겉에 털이 있거나 없다. 꽃잎은 3장인데 위의 2장은 크고 하늘색이며, 밑의 1장은 작고 흰색이다. 열매는 삭과이다.

1	2	3	4	5	6	7	8	9	10	11	12

꽃

1990. 9. 24. 지리산

사마귀풀 닭의장풀과

Murdannia keisak (Hassk.) Hand.-Mazz.

줄기는 기면서 가지가 갈라진다. 잎은 어긋나며, 좁은 피침형이고, 길이 2~7cm, 너비 0.4~1.0cm, 끝이 뾰족하고, 밑이 줄기를 감싼다. 꽃은 잎겨드랑이와 가지 끝에 1개씩 달리지만, 드물게 포엽의 겨드랑이에 1~2개가 다시 달리는 경우도 있으며, 보랏빛이 도는 흰색이다. 포엽은 선형이다. 꽃받침잎은 3장이며, 선상 피침형이다. 꽃잎은 3장이고, 둥근 난형이며, 길이 5mm 가량이다. 열매는 삭과이다.

1 2 3 4 5 6 7 8 9 10 11 12

- 분포 / 전국
- 생육지 / 논, 습지, 연못
- 출현 빈도 / 흔함
- 생활형 / 한해살이풀
- 개화기 / 8월 중순~10월 하순
- 결실기 / 9~11월
- 참고 / '닭의장풀'에 비해서 꽃잎 3장이 같은 크기이므로 구분된다.

1994. 9. 26. 지리산

- 분포 / 전국
- 생육지 / 산의 숲 속
- 출현 빈도 / 비교적 흔함
- 생활형 / 덩굴성 한해살이풀
- 개화기 / 7월 초순~9월 중순
- 결실기 / 9~10월
- 참고 / 줄기는 덩굴지어 자라며, 6개의 수술이 모두 완전하므로 닭의장풀속 식물들과 구분된다.

덩굴닭의장풀 닭의장풀과

Streptolirion volubile Edgew.

줄기는 다른 물체를 감고 올라가며, 길이 2~3m이다. 잎은 어긋나며, 난상 심장형, 길이 5~14cm, 너비 3~9cm, 끝이 뾰족하고, 가장자리에 잔털이 있다. 꽃은 잎겨드랑이에서 나온 긴 꽃대에 2~3개씩 달리며, 흰색이고, 지름 5~8mm, 하루 만에 시든다. 꽃받침잎은 긴 타원형이고, 길이 4mm 가량이다. 꽃잎은 선형이며, 뒤로 말린다. 수술은 6개, 수술대에 꼬불꼬불한 흰 털이 난다. 열매는 삭과이다.

1	2	3	4	5	6	7	8	9	10	11	12

2003. 9. 21. 경기도 유명산

억새 벼과

Miscanthus sinensis Anderss.

줄기는 모여나며, 높이 1~2m이다. 잎은 아래쪽에서 줄기를 완전히 둘러싸며, 선형이고, 길이 20~60cm, 너비 0.6~2.0cm, 가장자리가 날카롭다. 꽃은 이삭 꽃차례가 산방 꽃차례처럼 달리며, 노란빛이 도는 흰색이다. 꽃차례는 길이 20~30cm이다. 작은이삭은 대가 없는 것과 있는 것 1쌍이 마디마다 달리고, 길이 5~7mm이다. 포영은 딱딱하고 끝이 뾰족하다. 호영은 길이 8~15mm의 까락이 난다.

1	2	3	4	5	6	7	8	9	10	11	12

- 분포 / 전국
- 생육지 / 산과 들의 풀밭
- 출현 빈도 / 흔함
- 생활형 / 여러해살이풀
- 개화기 / 9월 초순~10월 하순
- 결실기 / 10~12월
- 참고 / 뿌리는 약으로 쓰며, 줄기와 잎은 지붕을 이는 데 사용한다. 피기 전의 어린 꽃차례는 먹을 수 있다.

1989. 11. 13. 전라남도 순천

- 분포 / 전국
- 생육지 / 습지 또는 냇가
- 출현 빈도 / 흔함
- 생활형 / 여러해살이풀
- 개화기 / 9월 초순~10월 중순
- 결실기 / 10~12월
- 참고 / 뿌리줄기는 약으로 쓴다. 바닷가에서도 잘 자란다. '달뿌리풀'과는 달리 땅 위에 기는줄기가 발달하지 않는다.

갈대 벼과

Phragmites communis Trin.

뿌리줄기는 땅 속에서 길게 뻗는다. 줄기는 높이 1~3m, 마디에 털이 없거나 털이 조금 나고, 속이 비어 있다. 잎은 2줄로 어긋나며, 긴 피침형, 길이 20~50cm, 너비 2~4cm, 엽초로 되어 줄기를 감싼다. 꽃은 이삭 꽃차례가 모여서 원추 꽃차례를 이루며, 붉은색에서 붉은 갈색으로 변한다. 전체 꽃차례는 길이 15~40cm이고, 끝이 처진다. 작은이삭은 길이 12~17mm이다. 열매는 영과이다.

1	2	3	4	5	6	7	8	9	10	11	12

2003. 10. 16. 경상북도 등운산

달뿌리풀 벼과

Phragmites japonica Steud.

기는줄기는 땅 위에 발달하고, 마디에서 뿌리와 줄기를 낸다. 줄기는 높이 1.5~3m, 속이 비어 있다. 잎은 어긋나며, 긴 피침형, 길이 10~30cm, 너비 2~3cm이다. 엽초는 잎몸보다 짧고, 위쪽이 붉은 자주색을 띤다. 꽃은 이삭 꽃차례가 모여서 원추 꽃차례를 이루며, 자주색이다. 작은이삭은 길이 8~12mm, 꽃이 3~4개 있다. 첫째 번 꽃은 수꽃이고 나머지 꽃들은 양성화이다. 열매는 영과이다.

1	2	3	4	5	6	7	8	9	10	11	12

- 분포 / 전국
- 생육지 / 냇가
- 출현 빈도 / 비교적 흔함
- 생활형 / 여러해살이풀
- 개화기 / 8월 초순~9월 중순
- 결실기 / 10~12월
- 참고 / 바닷가에서는 자라지 못한다. '갈대'와는 달리 땅 위에 기는줄기가 발달하고, 이것으로 무성 생식을 한다.

1984. 9. 10. 제주도

- 분포 / 남부 지방
- 생육지 / 숲 속과 냇가
- 출현 빈도 / 비교적 드묾
- 생활형 / 여러해살이풀
- 개화기 / 8월 중순~10월 하순
- 결실기 / 11~12월
- 참고 / 절에서 심어 기르기도 하지만, 제주도에서는 자생한다. 꽃봉오리와 함께 어린 뿌리줄기는 나물로 먹는데, 독특한 맛과 향이 있다.

양하 생강과

Zingiber mioga (Thunb.) Rosc.

땅속줄기는 옆으로 뻗는다. 아래쪽 엽초가 줄기처럼 자라 높이 40~100cm에 이른다. 잎은 피침형, 길이 20~35cm, 너비 3~6cm, 밑이 좁아져서 잎자루처럼 된다. 꽃은 꽃줄기 끝에 길이 5~7cm의 이삭 꽃차례로 달리며, 연한 노란색이다. 꽃줄기는 뿌리줄기에서 나며, 높이 5~15cm이다. 꽃받침은 통 모양이고 길이는 2.5cm 가량이다. 화관은 길며, 3갈래로 갈라진다. 열매는 삭과이다.

1	2	3	4	5	6	7	8	9	10	11	12

1994. 10. 30. 제주도

녹화죽백란 난초과

Cymbidium javanicum Blume var. *aspidistrifolium* (Fukuy.) F. Maek.

위구경(僞球莖)은 비늘 조각으로 둘러싸이며, 염주 모양으로 붙는다. 잎은 1~3장이며, 윤이 나고, 긴 타원형, 길이 20~30cm, 너비 2~4cm, 끝이 뾰족하다. 잎 가장자리는 밋밋하다. 꽃은 10~20cm의 꽃줄기 끝에 3~4개가 총상 꽃차례로 달리며, 연한 녹색이다. 꽃받침잎은 꽃잎 같다. 곁꽃잎은 중앙에 붉은 줄이 있다. 입술꽃잎은 흰색이며, 붉은 반점이 있고, 끝이 뒤로 젖혀진다. 열매는 삭과이다.

1 2 3 4 5 6 7 8 9 10 11 12

- 분포 / 제주도
- 생육지 / 상록수림
- 출현 빈도 / 매우 드묾
- 생활형 / 상록성 여러해살이풀
- 개화기 / 10월 초순~11월 중순
- 결실기 / 11월~다음 해 1월
- 참고 / 개체 수가 원래 많지 않은 데다가 수집가들이 무분별하게 채취하기 때문에 멸종 위기에 처해 있다.

1989. 10. 30. 제주도

- 분포 / 전라남도 섬, 제주도
- 생육지 / 상록수림
- 출현 빈도 / 매우 드묾
- 생활형 / 상록성 여러해살이풀
- 개화기 / 10월 하순~다음 해 1월 중순
- 결실기 / 12월~다음 해 3월
- 참고 / 유일하게 종 자체가 천연 기념물로 지정됨. 천연 기념물 제 191호(제주도의 한란), 천연 기념물 제 432호(제주도의 한란 자생지). 멸종 위기 Ⅰ급.

한란 | 난초과

Cymbidium kanran Makino

뿌리는 굵다. 잎은 3~8장이 모여나며, 가죽질, 넓은 선형, 길이 20~50cm, 너비 0.5~1.5cm, 끝이 날카롭고, 가장자리가 밋밋하다. 꽃은 25~60cm의 꽃줄기에 5~12개가 총상꽃차례로 달리며, 연한 녹색이지만 변이가 심하고, 향기가 좋다. 꽃받침잎은 꽃잎 같으며, 벌어지고, 선형, 길이 3.0~4.5cm이다. 입술꽃잎은 육질이고, 노란빛이 도는 흰색 바탕에 붉은 반점이 있다. 열매는 삭과이다.

1	2	3	4	5	6	7	8	9	10	11	12

1981. 8. 1. 한라산

섬사철란 　난초과

Goodyera maximowicziana Makino

전체에 털이 없다. 뿌리는 짧고, 끈 모양으로 굵다. 줄기는 위쪽이 비스듬히 서며, 높이 5~15cm이다. 잎은 4~5장이 어긋나며, 난상 타원형, 길이 2~4cm, 너비 1~2cm, 끝이 뾰족하고, 가장자리에 주름이 진다. 꽃은 줄기 끝에 이삭 꽃차례로 3~7개가 달리며, 흰색이거나 붉은빛이 도는 흰색이고, 활짝 벌어지지 않는다. 입술꽃잎은 꽃받침잎과 길이가 비슷하다. 열매는 삭과이다.

1 2 3 4 5 6 7 8 9 10 11 12

- 분포 / 울릉도, 남해안 섬, 제주도
- 생육지 / 계곡 주변의 숲 속
- 출현 빈도 / 드묾
- 생활형 / 상록성 여러해살이풀
- 개화기 / 9월 초순~10월 중순
- 결실기 / 10~11월
- 참고 / 줄기는 연약하여 잘 부러진다. '붉은사철란'에 비해서 꽃의 통부가 짧고 잎에 무늬가 없으므로 구분된다.

1986. 9. 7. 한라산

사철란 난초과

Goodyera schlechtendaliana Reichb. fil.

- 분포 / 울릉도, 충청남도 이남
- 생육지 / 건조한 숲 속
- 출현 빈도 / 비교적 드묾
- 생활형 / 상록성 여러해살이풀
- 개화기 / 8월 중순~9월 중순
- 결실기 / 10~11월
- 참고 / 잎이 상록성이어서 이 같은 이름이 붙여졌다. 보통 무리지어 자란다.

줄기는 흰빛이 도는 녹색이고, 아래쪽이 옆으로 뻗으며, 높이 10~25cm이다. 잎은 줄기 아래쪽에 몇 장이 모여 달리며, 좁은 난형, 길이 2~4cm, 너비 1.0~2.5cm, 끝이 뾰족하다. 잎 앞면에 보통 흰 무늬가 있다. 꽃은 줄기 끝에 5~15개가 이삭 꽃차례로 달리며, 붉은빛이 조금 도는 흰색이다. 꽃차례에 곱슬곱슬한 털이 난다. 입술꽃잎은 꽃받침잎과 길이가 비슷하다. 열매는 삭과이다.

1	2	3	4	5	6	7	8	9	10	11	12

1984. 9. 10. 한라산

타래난초 난초과

Spiranthes sinensis (Pers.) Ames var. *amoena* (M. Bieb.) H. Hara

뿌리는 굵은 뿌리와 옆으로 뻗는 뿌리가 있다. 줄기는 곧추서며, 높이 10~60cm이다. 줄기 아래쪽에 모여난 잎은 피침형 또는 선형이다. 줄기 위쪽의 잎은 작고 비늘 모양이다. 꽃은 줄기 끝에 이삭 꽃차례로 타래 모양으로 달리며, 자주색, 분홍색 또는 드물게 흰색이다. 꽃차례는 길이 5~15cm이다. 입술꽃잎은 색이 연하며 꽃받침잎보다 길다. 열매는 삭과이다.

1 2 3 4 5 6 7 8 9 10 11 12

- 분포 / 전국
- 생육지 / 산과 들의 풀밭
- 출현 빈도 / 비교적 흔함
- 생활형 / 여러해살이풀
- 개화기 / 6월 중순~9월 하순
- 결실기 / 7월~10월
- 참고 / 난초과 식물로서는 흔한 것 가운데 하나이다. 꽃차례가 실타래처럼 생겼다 하여 이 같은 이름이 붙여졌다.

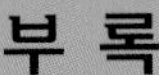

부 록

식물 용어 해설

ㄱ

각과(角果) 익으면 벌어지는 마른 열매의 하나. 얇은 막으로 구분되는 2개의 세포로 되어 있으며, 길이가 너비의 두 배 이하로 짧다. 십자화과의 말냉이속과 다닥냉이속 식물에서 볼 수 있다.

거(距) 꽃잎 또는 꽃받침이 꽃 뒤쪽으로 새의 부리처럼 길게 나온 것. 보통 안에 꿀이 들어 있다. 현호색, 제비고깔, 제비꽃 등에서 볼 수 있다. 꽃뿔이라고도 한다.

견과(堅果) 껍질이 단단하여 다 익어도 벌어지지 않는 열매. 참나무속, 밤나무속 식물에서 볼 수 있다.

겹산방 꽃차례 산방 꽃차례가 몇 개 모여서 이루어진 꽃차례. 복산방 화서(複繖房花序)라고도 한다.

겹산형 꽃차례 산형 꽃차례가 몇 개 모여서 이루어진 꽃차례. 복산형 화서(複繖形花序)라고도 한다.

겹잎 작은잎 여러 장으로 이루어진 잎. 복엽(複葉)이라고도 한다.

겹총상 꽃차례 총상 꽃차례가 몇 개 모여서 이루어진 꽃차례. 복총상 화서(複總狀花序)라고도 한다.

곁꽃잎 난초과 및 제비꽃과 식물의 꽃잎 가운데 옆으로 벌어지는 2개. 측화판(側花瓣)이라고도 한다.

골돌(蓇葖) 열매의 종류 가운데 하나. 심피가 융합된 봉합선이 터져서 씨앗이 나온다. 매발톱꽃, 너도바람꽃, 조팝나무 등에서 볼 수 있다.

관모(冠毛) 민들레, 엉겅퀴 같은 국화과 식물의 열매 끝부분에 달린 우산 모양의 털. 꽃받침이 변한 것으로 씨앗이 멀리 날아갈 수 있도록 한다.

관상화(管狀花) 국화과 식물의 두상화를 이루는, 관 모양으로 생긴 꽃. 설상화에 비해서 꽃잎이 길게 발달하지 않는다.

권산 꽃차례 꽃이 한쪽 방향으로 달리며, 끝이 나선상으로 둥그렇게 말리는 꽃차례. 컴프리 등에서 볼 수 있다. 권산 화서(卷繖花序)라고도 한다.

귀화 식물 사람의 활동에 의해 외국에서 들어온 후에 스스로 번식하며 사는 식물. 미국자리공, 돼지풀 등이 그 예이다.

기는줄기 땅 위로 뻗는 줄기. 딸기, 번음씀바귀, 달뿌리풀 등에서 볼 수 있다. 포복경(匍匐莖)이라고도 한다.

기생 식물 다른 식물에 붙어 기생 생활을 하는 식물. 겨우살이처럼 엽록소가 있어서 광합성을 하는 것과 초종용, 으름난초처럼 엽록소가 없는 것이 있다.

기판(旗瓣) 콩과 식물의 꽃잎 가운데서 가장 크고 위쪽에 달려 있는 것. 받침꽃잎이라고도 한다.

깃꼴겹잎 잎자루의 연장부 좌우 양쪽에 두 쌍 이상의 작은잎이 배열하여 새의 깃털 모양을 이룬 잎. 우상복엽(羽狀複葉)이라고도 한다.

꽃대 독립된 하나의 꽃 또는 꽃차례의 여러 개 꽃을 달고 있는 줄기. 이 책에서는 뒤엣것의 경우에 이 용어를 주로 사용했다. 꽃차례에서 각각의 꽃은 꽃자루에 의해서 꽃대와 연결된다. 화경(花梗)이라고도 한다.

꽃받침 꽃잎 바깥쪽에 있는 꽃의 기관. 꽃잎, 암술, 수술과 함께 꽃의 중요 기관 가운데 하나이며, 암술과 수술을 보호하는 역할을 한다.

꽃받침잎 꽃받침을 이루는 조각. 꽃받침이 몇 개의 조각으로 서로 떨어져 있거나 뚜렷하게 갈려진 경우에 쓰는 용어이다. 꽃받침 조각 또는 악편(萼片)이라고도 한다.

꽃밥 꽃가루주머니. 수술을 이루는 기관으로, 보통은 수술대 끝에 붙어 있다. 약(葯)이라고도 한다.

꽃잎 꽃받침 안쪽에 있는 조각. 화관이 갈라져서 조각들이 서로 떨어져 있을 때 사용하는 용어이다. 화판(花瓣)이라고도 한다.

꽃자루 꽃차례에서 각각의 꽃을 받치고 있는 자루. 꽃꼭지 또는 소화경(小花梗)이라고도 한다.

꽃줄기 꽃을 피우기 위해 뿌리에서 바로 올라온 원줄기. 잎이 달리지 않는다. 매미꽃, 민들레, 붓꽃 등에서 볼 수 있다.

꽃차례 꽃이 줄기나 가지에 배열되는 모양, 또는 배열되어 있는 줄기나 가지 그 자체. 화서(花序)라고도 한다.

꿀샘 꽃이나 잎에서 단물을 내는 조직 또는 기관. 밀선(蜜腺)이라고도 한다.

ㄴ

난형(卵形) 달걀처럼 생긴 모양. 달걀꼴. 잎, 꽃잎, 꽃받침, 열매 등의 모양을 나타낸다.

ㄷ

다육질(多肉質) 잎, 줄기, 열매에 즙이 많은 것

단체 웅예(單體雄蕊) 수술이 모두 합쳐져서 하나의 몸으로 된 수술. 아욱, 무궁화 등에서 볼 수 있다.

덧꽃받침 꽃받침 아래쪽에 있는 포엽이 꽃받침 모양으로 된 것. 뱀딸기, 양지꽃 등에서 볼 수 있다. 부악(副萼)이라고도 한다.

덩굴나무 덩굴지어 자라는 나무. 만경 식물(蔓莖植物)이라고도 한다.

덩굴손 덩굴지어 자라는 나무나 풀에서 식물체를 다른 물체에 고정시키는 역할을 하는 기관. 잎, 잎자루, 턱잎, 가지 등이 변해서 생긴다.

덩이뿌리 덩이 모양으로 된 뿌리. 만주바람꽃, 고구마 등에서 볼 수 있으며, 영양분을 저장하기 위한 기관이다. 괴근(塊根)이라고도 한다.

덩이줄기 덩이 모양으로 된 땅속줄기. 감자, 현호색 등에서 볼 수 있다. 줄기가 가지고 있어야 하는 잎, 마디, 싹눈 등이 변형된 형태를 갖추고 있다. 괴경(塊莖)이라고도 한다.

도란형(倒卵形) 달걀을 거꾸로 세운 모양. 거꿀 달걀꼴이라고도 한다.

도피침형(倒披針形) 피침형이 뒤집혀진 모양. 잎의 모양을 나타낸다.

돌려나기 하나의 마디에 3개 이상의 잎, 줄기, 꽃이 바퀴 모양으로 나는 것. 윤생(輪生)이라고도 한다.

두상 꽃차례 여러 개의 꽃이 꽃대 끝에 모여 머리 모양을 이루어 한 송이의 꽃처럼 보이는 꽃차례. 두상 화서(頭狀花序)라고도 한다.

두상화(頭狀花) 꽃대 끝의 둥근 판 위에 꽃자루가 없는 작은 꽃이 많이 모여 달려서 머리 모양처럼 된 꽃. 민들레, 국화 등에서 볼 수 있다.

두해살이풀 싹이 나서 꽃이 피고 지는 데까지 2년이 걸리는 식물. 2년초(二年草)라고도 한다.

땅속줄기 땅 속에 있는 여러 종류의 줄기를 모두 이르는 말. 지하경(地下莖)이라고도 한다.

떨기나무 높이가 0.7~2m에 이르며, 가지가 많이 갈라지는 나무. 만병초, 들쭉나무, 호자나무 등이 그 예이다. 관목(灌木)이라고도 한다.

ㅁ

마주나기 잎이 하나의 마디에 2개가 마주 붙어 남. 대생(對生)이라고도 한다.

막질(膜質) 막으로 된 성질 또는 그러한 물질. 잎이나 포(苞)의 질감을 나타낸다.

맥(脈) 잎 또는 열매에 영양분과 수분을 공급하는 유관속. 보통 도드라진 형태를 하고 있다.

모여나기 잎이나 줄기가 한 곳에서 여러 개가 더부룩하게 나는 것. 총생(叢生)이라고도 한다.

무성지(無性枝) 꽃이 피지 않는 줄기. 괭이눈속 식물 등에서 볼 수 있다.

미상 꽃차례 꽃자루가 거의 없는 암꽃 또는 수꽃이 모여 이삭 꽃차례 모양을 이룬 꽃차례. 버드나무, 졸참나무, 밤나무, 개암나무 등에서 볼 수 있다.

ㅂ

배상 꽃차례 대극속 식물에서 볼 수 있는 특수한 꽃차례. 술잔 모양의 총포 안에 많은 수꽃이 있고, 1개의 암꽃은 밖으로 길게 나온다. 배상 화서(杯狀花序)라고도 한다.

별 모양 털 방사상으로 가지가 갈라져서 별 모양으로 된 털. 성상모(星狀毛)라고도 한다.

부속체(附屬體) 꽃잎, 꽃받침, 총포 조각 등에 덧붙어 있는 부분. 부속물이라고도 한다.

부화관(副花冠) 화관과 수술 사이에 만들어진 화관 모양의 부속체. 수선화에서 볼 수 있다. 덧꽃부리라고도 한다.

분과(分果) 한 씨방에서 만들어지지만, 서로 분리된 2개 이상의 열매로 발달하는 열매. 산형과 식물에서 주로 볼 수 있다. 분열과(分裂果)라고도 한다.

불염포(佛焰苞) 육수 꽃차례를 싸고 있는 포. 앉은부채, 반하, 토란 등 천남성과 식물에서 볼 수 있다.

비늘잎 비늘 조각처럼 납작한 모양의 작은 잎. 측백나무속, 편백나무속, 현호색속 등에서 볼 수 있다. 인엽(鱗葉)이라고도 한다.

비늘줄기 땅속줄기의 하나로서, 짧은 줄기 둘레에 양분을 저장하여 두껍게 된 잎이 많이 겹쳐 구형, 타원형, 난형을 이룬 것. 양파, 산달래, 말나리 등에서 볼 수 있다. 인경(鱗莖)이라고도 한다.

뿌리잎 뿌리에서 돋아난 잎. 근출엽(根出葉), 근생엽(根生葉)이라고도 한다.

뿌리줄기 땅 속에서 뿌리처럼 뻗는 땅속줄기의 한 종류. 줄기가 변형된 것으로서 마디에서 뿌리가 나며, 끝부분에서 새 줄기가 돋기도 하므로 무성 생식의 한 방법이 된다. 연꽃, 둥굴레 등에서 볼 수 있다. 근경(根莖)이라고도 한다.

사강 웅예(四强雄蕊) 6개 가운데 2개는 짧고 4개는 긴 수술. 십자화과 식물의 꽃에서 볼 수 있다.

삭과(蒴果) 익으면 열매 껍질이 말라 쪼개지면서 씨를 퍼뜨리는, 여러 개의 씨방으로 된 열매

산방 꽃차례 꽃차례의 아래쪽 꽃은 꽃자루가 길고 위쪽 꽃은 꽃자루가 짧아서 서로 같은 높이에서 피는 꽃차례. 산방 화서(繖房花序)라고도 한다.

샘털 분비물을 내는 털. 열매, 잎, 꽃받침, 꽃자루, 어린 가지 등에서 볼 수 있으며, 보통 끝에 분비물을 저장하고 있다. 선모(腺毛)라고도 한다.

생식엽(生殖葉) 고비, 꿩고비 등에서 볼 수 있는, 포자낭이 달리는 잎. 오로지 생식만을 위한 잎으로서 영양엽과 구분된다.

생식 줄기 쇠뜨기에서 볼 수 있는 포자낭수가 달리는 줄기. 엽록소가 없으며, 생식 후에는 스러진다. 생식경(生殖莖)이라고도 한다.

선형(線形) 선처럼 가늘고 긴 모양. 길이가 너비보다 4배 이상 길다. 잎, 꽃받침잎, 포엽 등의 형태를 말한다.

설상화(舌狀花) 관상화와 함께 두상화를 이루는, 화관이 혀처럼 길쭉한 꽃

소견과(小堅果) 견과처럼 생긴 작은 열매. 지치, 꽃마리, 금창초 등에서 볼 수 있다.

수과(瘦果) 씨앗이 하나 들어 있으며, 익어도 벌어지지 않는 열매
수꽃 수술은 완전하지만 암술은 없거나 흔적만 있는 꽃
수술 꽃밥과 수술대로 이루어진 꽃의 중요 기관 가운데 하나. 웅예(雄蕊)라고도 한다.
수술대 꽃밥과 함께 수술을 이루는 기관. 꽃실 또는 화사(花絲)라고도 한다.
수염뿌리 곧은뿌리와 곁뿌리가 구분되지 않는 가느다란 뿌리
시과(翅果) 열매 껍질이 자라서 날개처럼 되어 바람에 흩어지기 편리하게 된 열매. 단풍나무, 미선나무, 쇠물푸레 등에서 볼 수 있다.
신장형(腎臟形) 콩팥 모양. 세로보다 가로가 길고 밑이 들어간 잎의 모양
심장형(心臟形) 염통 모양. 밑이 심장 모양으로 된 넓은 난형의 잎의 모양
씨방 암술대 밑에 붙은 통통한 주머니 모양의 부분. 그 속에 밑씨가 들어 있다. 자방(子房)이라고도 한다.

ㅇ

아랫입술 설상화의 아래쪽 갈래. 하순(下脣)이라고도 한다.
알줄기 땅속줄기의 하나. 양분을 많이 저장하여 살이 쪄서 공 모양을 이룸. 토란, 천남성에서 볼 수 있다. 구경(球莖)이라고도 한다.
암꽃 암술만 있고 수술이 없는 꽃
암수 딴그루 나무 가운데 암꽃과 수꽃이 각각 다른 그루에 피는 것을 일컫는 말. 자웅이주(雌雄異株) 또는 자웅이가(雌雄二家)라고도 한다.
암수 딴포기 풀 가운데 암꽃과 수꽃이 각각 다른 포기에 피는 것을 일컫는 말. 자웅이주(雌雄異株) 또는 자웅이가(雌雄二家)라고도 한다.
암술 씨방, 암술대, 암술머리로 이루어진 꽃의 중요 기관 가운데 하나. 자예(雌蕊)라고도 한다.
암술대 씨방에서 암술머리까지의 부분. 보통은 가늘고 길다. 화주(花柱)라고도 한다.
암술머리 꽃가루받이가 일어나는 암술의 끝부분. 주두(柱頭)라고도 한다.
양성꽃 암술과 수술을 모두 갖춘 꽃. 양성화(兩性花) 또는 구비화(具備花)라고도 한다.

어긋나기 잎이나 가지가 마디마다 방향을 달리하여 어긋매껴 나는 것. 호생(互生)이라고도 한다.

여러해살이풀 여러 해 동안 사는 풀. 겨울에는 땅 위의 부분이 죽지만 봄이 되면 다시 싹이 돋아난다. 다년초(多年草)라고도 한다.

엽초(葉鞘) 잎자루가 칼잎 모양으로 되어 줄기를 싸고 있는 것. 잎집이라고도 한다.

영양엽(營養葉) 고비, 꿩고비 등에서 볼 수 있는 녹색의 잎으로 광합성을 하는 잎. 포자를 만드는 생식엽과 구분된다.

영양 줄기 쇠뜨기에서 볼 수 있는 녹색의 줄기. 포자낭이 달리지 않으며, 엽록소가 있어 광합성을 한다. 영양경(營養莖)이라고도 한다.

원추 꽃차례 주축에서 갈라져 나간 가지가 총상 꽃차례를 이루어 전체가 원뿔 모양이 되는 꽃차례. 주축의 아래쪽 가지는 크고 길며, 위로 갈수록 작아지므로 전체가 원뿔 모양이 된다. 원추 화서(圓錐花序)라고도 한다.

원형(圓形) 둥근 모양. 잎을 비롯하여 여러 기관의 형태를 나타낸다.

윗입술 설상화의 위쪽 갈래. 상순(上脣)이라고도 한다.

육수 꽃차례 육질의 꽃대 주위에 꽃자루가 없는 작은 꽃이 많이 달리는 꽃차례. 천남성과 식물에서 볼 수 있다. 육수 화서(肉穗花序)라고도 한다.

육아(肉芽) 잎겨드랑이에 생기는 다육질의 눈. 어미 식물에서 쉽게 땅에 떨어져서 무성적으로 새 개체가 된다. 참나리, 마, 말똥비름 등에서 볼 수 있다. 살눈 또는 주아(珠芽)라고도 한다.

이과(梨果) 꽃턱이나 꽃받침통이 다육질의 살로 발달하여, 응어리가 된 씨방과 그 안쪽의 씨앗을 싸고 있는 열매. 배, 사과에서 볼 수 있다.

이삭 꽃차례 1개의 긴 꽃대 둘레에 꽃자루가 없는 여러 개의 꽃이 이삭 모양으로 피는 꽃차례. 수상 화서(穗狀花序)라고도 한다.

익판(翼瓣) 콩과 식물의 나비 모양 꽃에서 양쪽에 있는 두 장의 꽃잎. 날개꽃잎이라고도 한다.

입술꽃잎 난초과 또는 제비꽃과 식물의 꽃잎 가운데 입술처럼 생긴 아래쪽의 것. 난초과에서는 순판(脣瓣)이라고도 한다.

잎 가장자리 잎의 변두리 부분. 엽연(葉緣)이라고도 한다.

잎겨드랑이 줄기나 가지에 잎이 붙는 부분. 엽액(葉腋)이라고도 한다.
잎자루 잎을 가지나 줄기에 붙게 하는 꼭지 부분. 잎꼭지 또는 엽병(葉柄)이라고도 한다.
잎줄기 겹잎의 주축을 이루는 줄기. 이 줄기에 작은잎이 달린다. 엽축(葉軸)이라고도 한다.

작은잎 겹잎을 이루는 각각의 잎. 소엽(小葉)이라고도 한다.
작은키나무 키나무 가운데 키가 작은 것으로서 높이 2~8m에 이르는 나무. 떨기나무와 큰키나무의 중간 높이로 자란다. 아교목(亞喬木)이라고도 한다.
잡성(雜性) 하나의 식물체에 양성꽃과 암꽃, 수꽃이 함께 달리는 것. 산뽕나무, 느티나무 등에서 볼 수 있다.
장각과(長角果) 익으면 벌어지는 마른 열매의 하나. 얇은 막으로 구분되는 2개의 세포로 되어 있으며, 길이가 너비의 두 배 이상으로 길다. 십자화과의 장대나물, 는쟁이냉이 등에서 볼 수 있다.
장과(漿果) 살과 물이 많고 속에 씨가 여러 개 들어 있는 열매. 산앵도나무, 포도, 까마중 등이 그 예이다.
장미과(薔薇果) 장미속 식물의 열매. 꽃턱이 둥글게 다육질로 커졌으며, 내부에 씨앗처럼 보이는 것이 각각 수과의 열매이다.
줄기껍질 나무의 껍질. 수피(樹皮)라고도 한다.
줄기잎 줄기에서 돋아난 잎. 경생엽(莖生葉)이라고도 한다.
중륵 잎 가운데에 있는 큰 잎줄
집합과(集合果) 빽빽하게 달린 꽃들의 씨방이 각각 성숙하여 모여 달리는, 물기가 많은 열매. 취과는 하나의 꽃에서 열리는 것이므로 다르다. 뽕나무, 산뽕나무 등이 그 예이다.

총상 꽃차례 긴 꽃대에 꽃자루가 있는 여러 개의 꽃이 어긋나게 붙어서 밑에서부터 피기 시작하는 꽃차례. 총상 화서(總狀花序)라고도 한다.

총포(總苞) 꽃이나 열매를 둘러싸고 있는 잎이 변형된 조각 또는 조각들. 개암나무 등의 열매를 싸고 있다.

취과(聚果) 심피나 화탁이 다육질로 되고, 그 위에 작은 핵과가 많이 달리는 열매. 산딸기속 식물에서 볼 수 있다.

취산 꽃차례 유한 꽃차례의 하나. 먼저 꽃대의 끝에 꽃이 한 송이 피고, 그 밑의 가지 끝에 다시 꽃이 피며, 거기서 다시 가지가 갈라져 끝에 꽃이 핀다. 취산 화서(聚繖花序)라고도 한다.

ㅋ

큰키나무 높이 8m 이상 되는 나무. 키나무 또는 교목(喬木)이라고도 한다.

ㅌ

타원형 위쪽과 아래쪽의 길이는 비슷하고 가운데가 가장 넓은 모양. 길이는 너비의 2배 이상이다.

턱잎 잎자루 밑에 쌍으로 난 부속체. 보통 잎 모양이며, 서로 붙어 있다. 탁엽(托葉)이라고도 한다.

톱니 잎의 가장자리가 톱날처럼 된 부분. 거치(鋸齒)라고도 한다.

특산 식물 어느 지방에서만 특별하게 자라는 식물. 고유 식물(固有植物)이라고도 한다.

ㅍ

포엽(苞葉) 꽃 밑에 달리는 잎 모양의 부속체로 꽃을 보호하는 역할을 하는 경우가 많으며, 잎이 변해서 된 것이다. 뚜렷하게 잎 모양을 하고 있는 포(苞)로서 포잎이라고도 한다.

포자낭(胞子囊) 포자를 싸고 있는 주머니 모양의 기관

포자낭군(胞子囊群) 포자낭 여러 개가 함께 모여 있는 것. 낭퇴(囊堆)라고도 한다.

포자낭수(胞子囊穗) 주축에 여러 개의 포자낭이 가까이 모여 이삭 모양으로 된 것. 쇠뜨기, 석송 등에서 볼 수 있다.

피침형(披針形) 밑부분이 가장 넓은, 좁고 긴 모양

한국 특산 식물 지구상에서 우리 나라에만 분포하는 식물

한해살이풀 봄에 싹이 터서 꽃이 피고 열매가 맺은 후 그 해 가을에 말라 죽는 풀. 1년초(一年草)라고도 한다.

핵과(核果) 살이 발달하며, 씨가 단단한 핵으로 싸여 있는 열매. 복숭아나무, 살구나무 등에서 볼 수 있다.

헛수술 생식력이 없는 수술. 의웅예(疑雄蕊)라고도 한다.

협과(莢果) 콩과 식물의 열매. 하나의 심피로 되어 있으며, 익으면 두 줄로 터져서 씨앗이 튀어나온다.

홀수깃꼴겹잎 끝부분에 짝이 없는 작은잎이 한 장 있는 깃꼴겹잎. 아까시나무, 옻나무 등에서 볼 수 있다. 기수우상복엽(奇數羽狀複葉)이라고도 한다.

홑잎 한 장의 잎사귀로 된 잎. 단엽(單葉)이라고도 한다.

화관(花冠) 꽃 한 송이의 꽃잎 전체를 이르는 말. 이 책에서는 주로 꽃잎이 서로 붙어 있는 꽃을 설명할 때 사용하였다. 꽃부리라고도 한다.

화피(花被) 꽃잎과 꽃받침이 서로 비슷하여 구별하기 어려울 때 이들을 모두 합쳐 이르는 말. 꽃덮이라고도 한다.

식물 용어 도해

꽃의 구조

● 쌍떡잎 식물

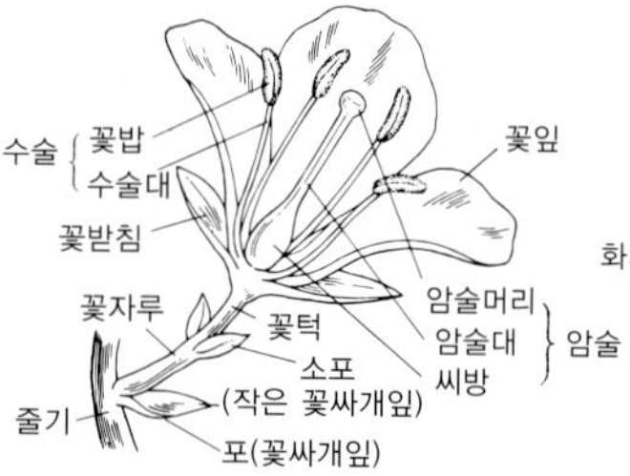

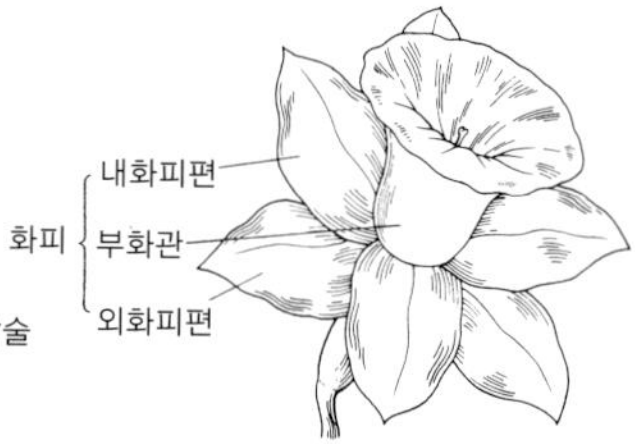

수술 { 꽃밥 / 수술대
꽃받침
꽃자루
꽃턱
소포
(작은 꽃싸개잎)
줄기
포(꽃싸개잎)
꽃잎
암술머리 / 암술대 / 씨방 } 암술

화피 { 내화피편 / 부화관 / 외화피편

● 외떡잎 식물

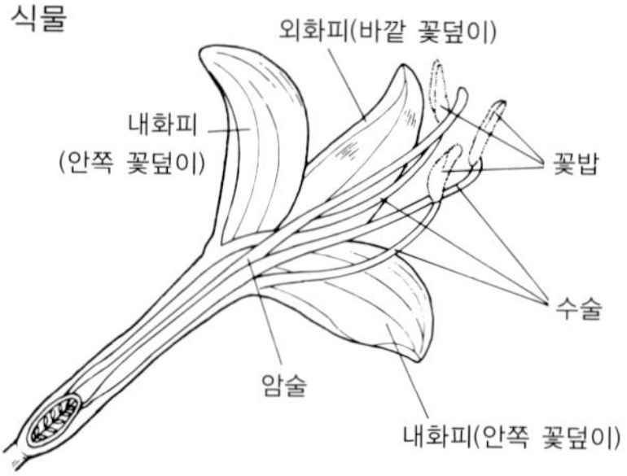

외화피(바깥 꽃덮이)
내화피
(안쪽 꽃덮이)
꽃밥
수술
암술
내화피(안쪽 꽃덮이)

● 양성화

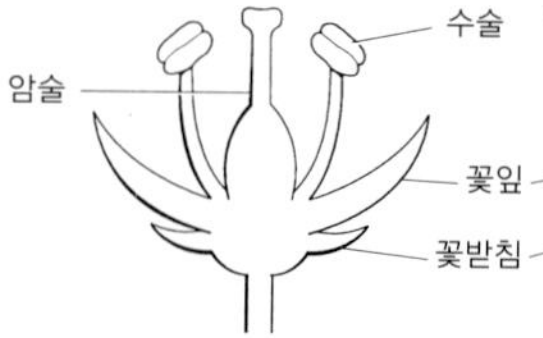

수술
암술
꽃잎
꽃받침

● 단성화

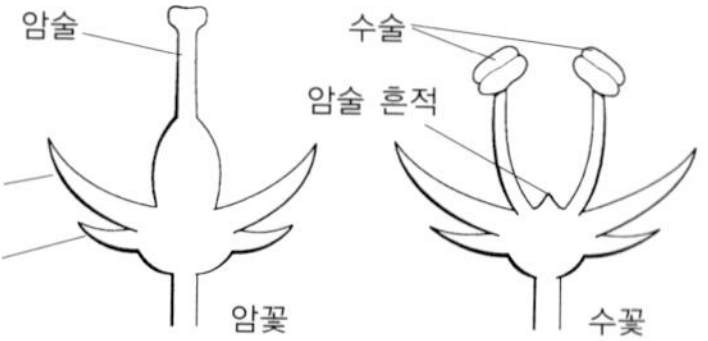

암술
암꽃
수술
암술 흔적
수꽃

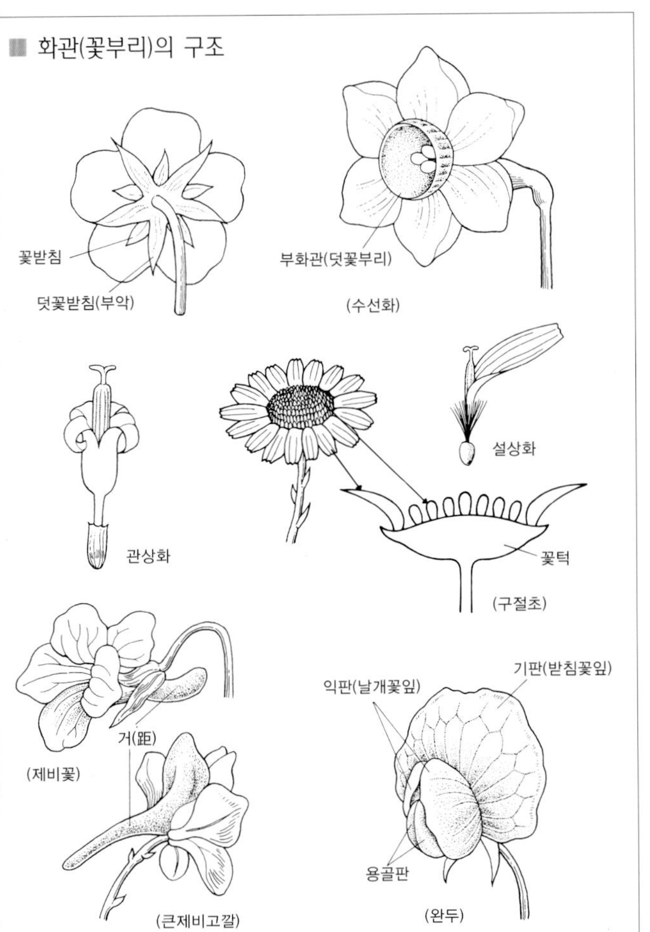
화관(꽃부리)의 구조
꽃받침
덧꽃받침(부악)
부화관(덧꽃부리)
(수선화)
설상화
관상화
꽃턱
(구절초)
기판(받침꽃잎)
익판(날개꽃잎)
거(距)
(제비꽃)
용골판
(큰제비고깔)
(완두)

■ 꽃차례(화서)의 종류

총상 꽃차례(어긋나기)
(까치수염)

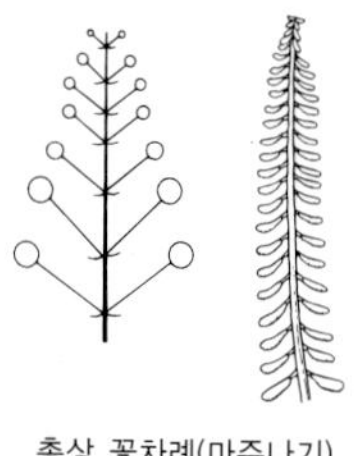

총상 꽃차례(마주나기)
(냥아초)

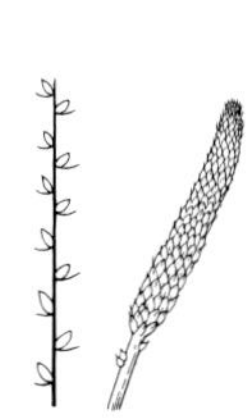

이삭 꽃차례
(질경이)

원추 꽃차례
(붉나무)

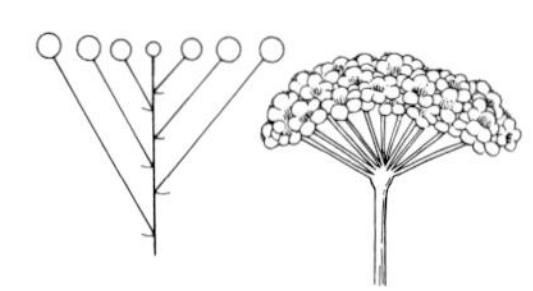

산방 꽃차례
(인가목조팝나무)

산형 꽃차례
(앵초)

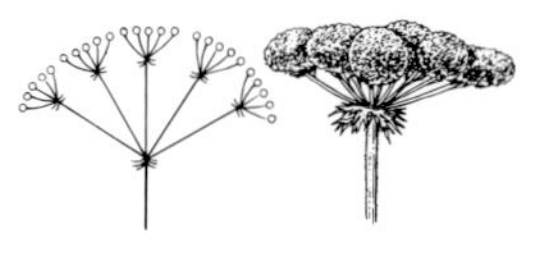

겹산형 꽃차례
(당근)

집산 꽃차례
(왜젓가락나물)
두상 꽃차례
(쑥부쟁이)
미상 꽃차례(유이 꽃차례)
(졸참나무)
겹집산 꽃차례
(거지덩굴)
권산 꽃차례
(짚신나물)
육수 꽃차례
(천남성)
배상 꽃차례
(대극)

잎의 종류

홑잎
겹잎
잎몸
주맥
(잎줄)
측맥
(곁잎줄)
꿀샘
잎자루
턱잎
작은잎
잎몸
잎줄기

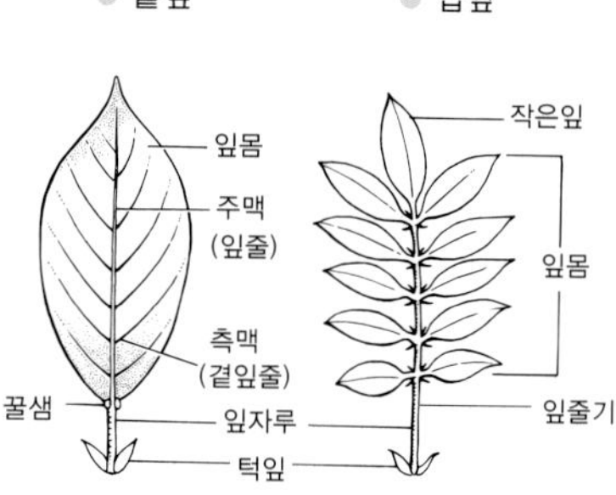

잎의 나기

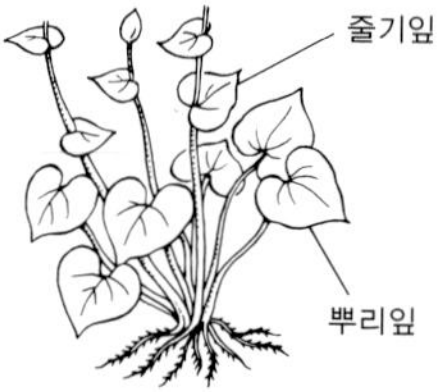

줄기잎
뿌리잎

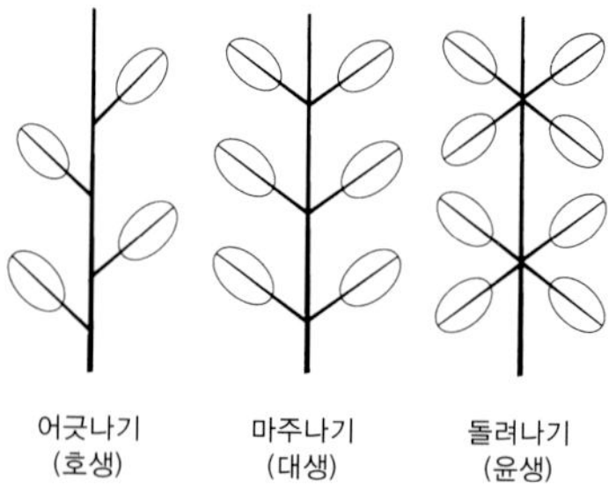

어긋나기
(호생)
마주나기
(대생)
돌려나기
(윤생)

잎의 모양

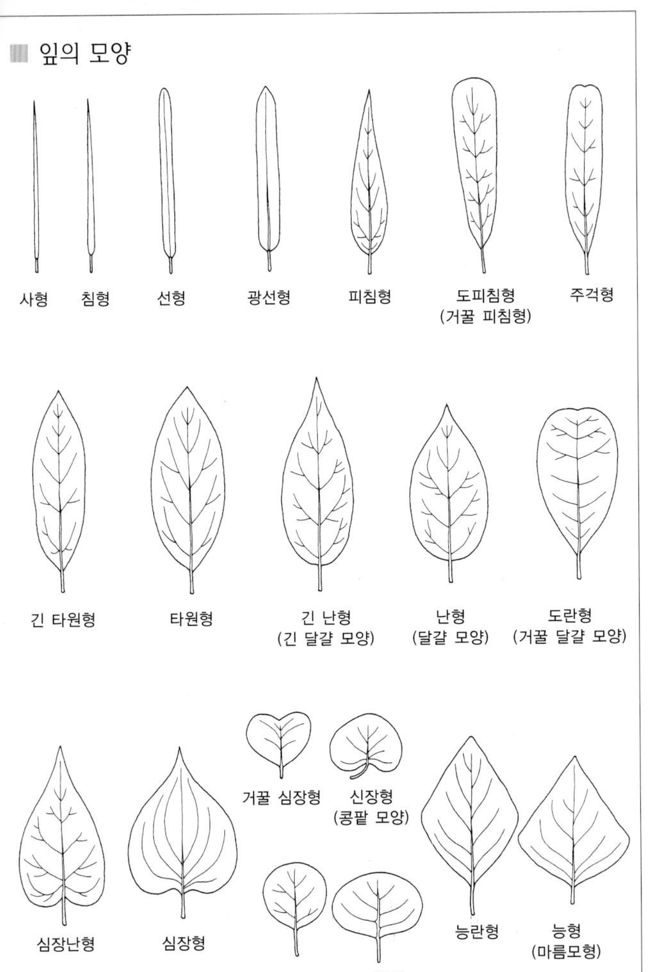

사형
침형
선형
광선형
피침형
도피침형
(거꿀 피침형)
주걱형
긴 타원형
타원형
긴 난형
(긴 달걀 모양)
난형
(달걀 모양)
도란형
(거꿀 달걀 모양)
거꿀 심장형
신장형
(콩팥 모양)
심장난형
심장형
원형
편원형
능란형
능형
(마름모형)

줄기의 구조

기는줄기(포복경)
기는줄기(포복경)
가시
(경침)
꽃줄기

나무의 구분

큰키나무
(8m 이상)
작은키나무
(2~8m)
떨기나무
(2m 이하)
덩굴나무

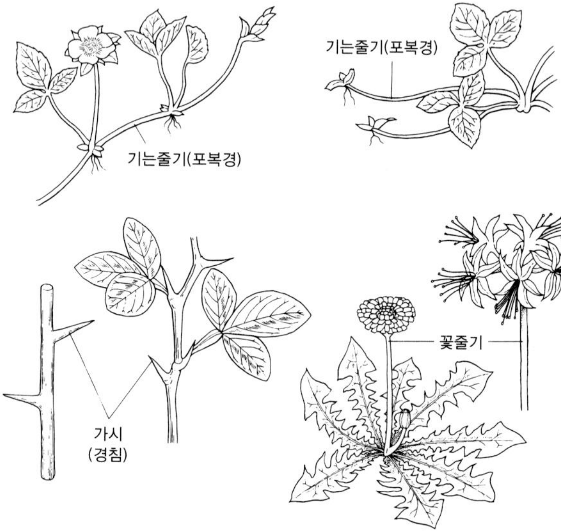

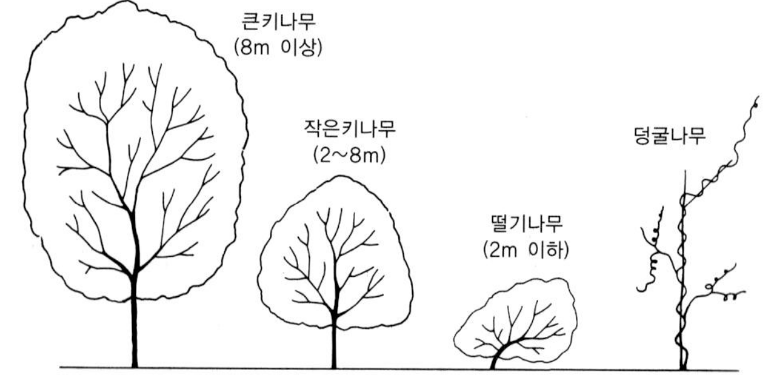

땅속줄기(지하경)의 종류

● 뿌리줄기

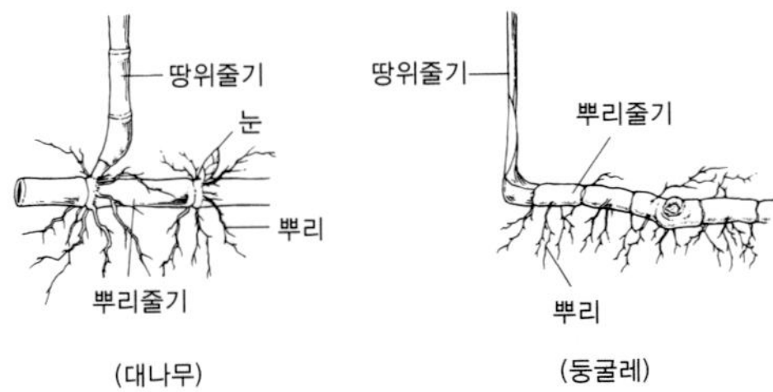

(대나무) (둥굴레)

● 비늘줄기

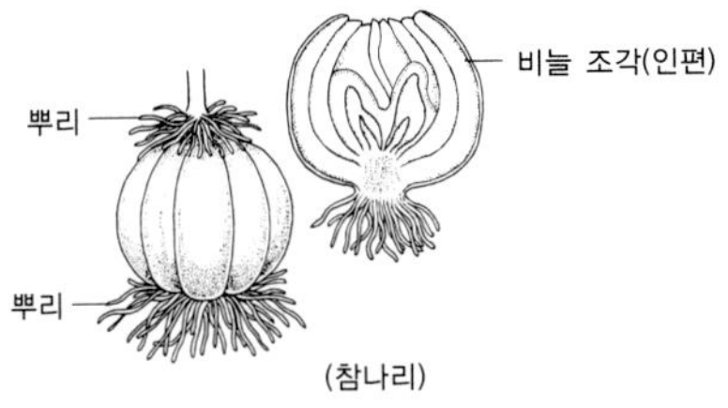

(참나리)

● 덩이줄기

● 알줄기

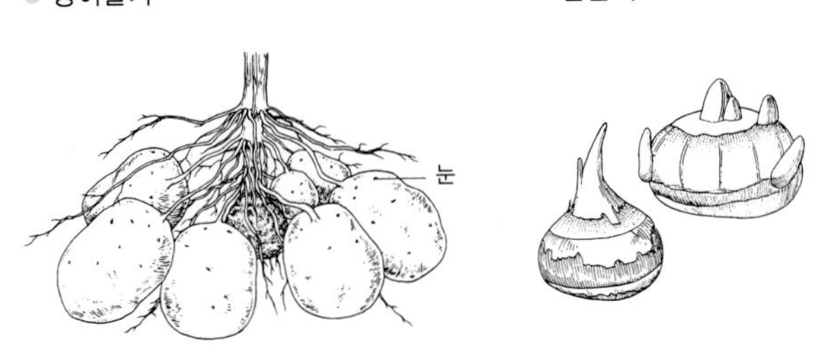

(감자) (글라디올러스)

열매의 종류

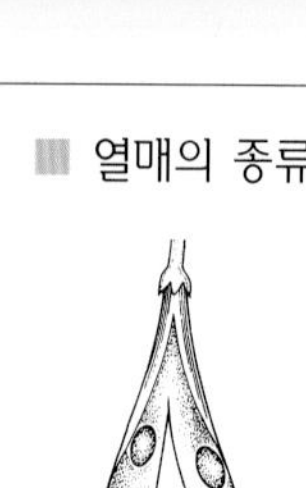

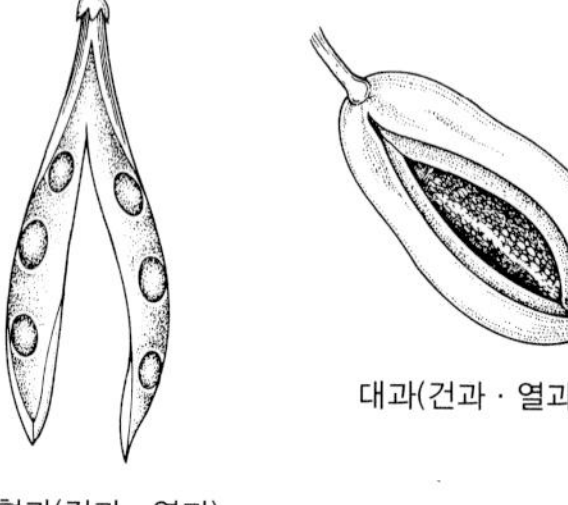

대과(건과 · 열과)

협과(건과 · 열과)

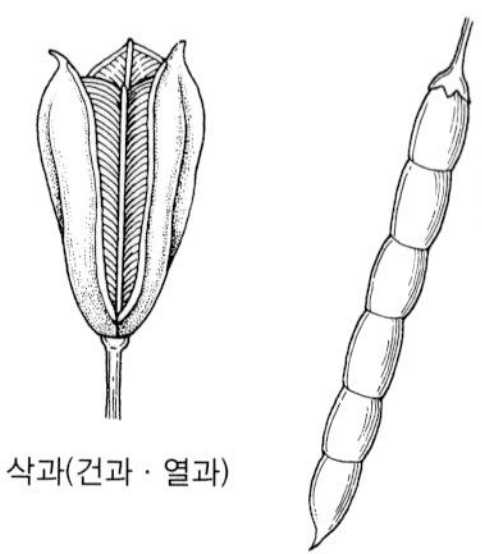

삭과(건과 · 열과)

절협삭과(건과 · 불렬

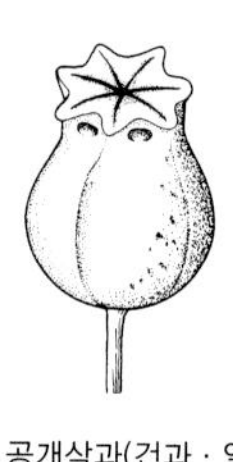

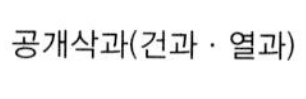

공개삭과(건과 · 열과)

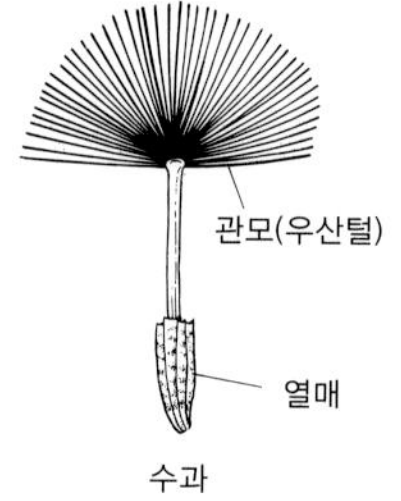

수과

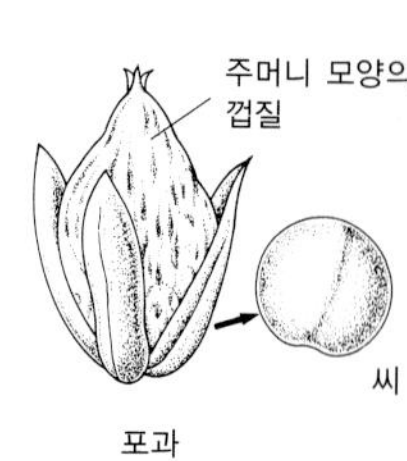

포과

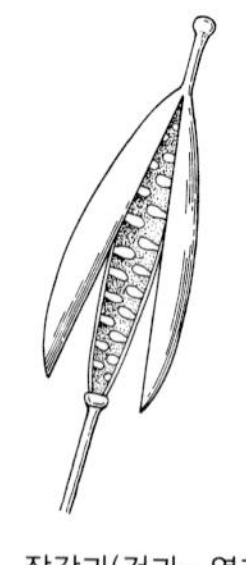

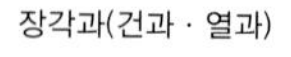

장각과(건과 · 열과)

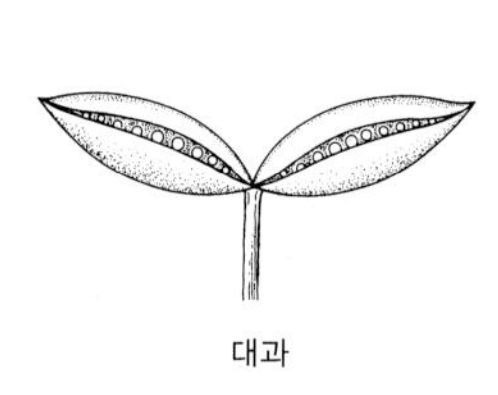

대과

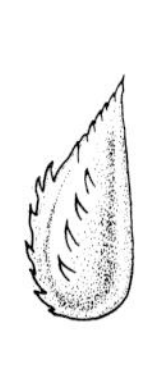

수과

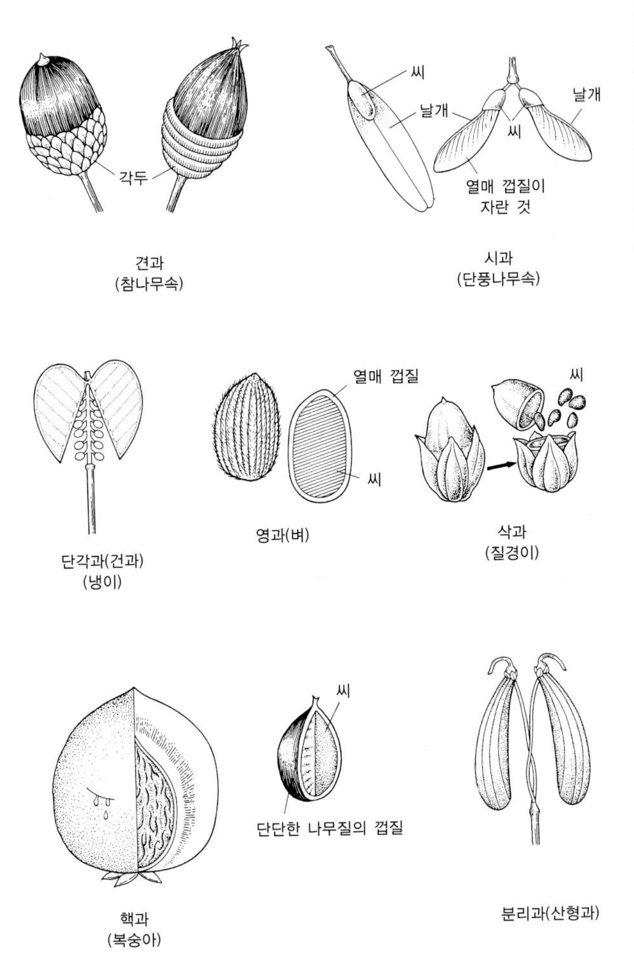
각두
견과
(참나무속)
씨
날개
날개
씨
열매 껍질이
자란 것
시과
(단풍나무속)
단각과(건과)
(냉이)
열매 껍질
씨
영과(벼)
씨
삭과
(질경이)
씨
단단한 나무질의 껍질
핵과
(복숭아)
분리과(산형과)

우리말 이름 찾아보기

ㄱ

ㄴ

ㅅ

ㅇ

ㅈ

학명 찾아보기

A

B

D

E

F

G

H

I

J

K

L

M

N

P

R

S

참고 문헌

- 김문홍. 1985. 제주식물도감. 제주도.
- 김수남, 이경서. 1997. 한국의 난초. 교학사.
- 김용원, 박재홍, 홍성천 등. 1998. 경상북도 자생식물도감. 그라피카.
- 문순화, 송기엽. 1995. 지리산의 꽃. 평화출판사.
- 문순화, 송기엽, 이경서, 신용만. 1996. 한라산의 꽃. 산악문화.
- 문순화, 송기엽, 이경서, 현진오. 1997. 설악산의 꽃. 교학사.
- 문순화, 송기엽, 현진오. 2001. 덕유산의 꽃. 교학사.
- 심정기, 고성철, 오병운 등. 2000. 한국관속식물 종속지(1). 아카데미서적.
- 오용자, 현진오 등. 1998. 한국의 멸종 위기 및 보호 야생 동 · 식물. 교학사.
- 이상태. 1997. 한국식물검색집. 아카데미서적.
- 이영노. 1996. 원색 한국식물도감. 교학사.
- 이영노, 이경서, 신용만. 2001. 제주자생식물도감. 여미지.
- 이우철. 1996. 원색 한국기준식물도감. 아카데미서적.
- 이우철. 1996. 한국식물명고. 아카데미서적.
- 이창복. 1980. 대한식물도감. 향문사.
- 이창복. 2003. 원색대한식물도감 상 · 하. 향문사.
- 임록재. 1996~2000. 조선식물지(증보판). 1~9. 과학기술출판사.
- 정영호. 1989. 정영호식물학논선 제2집 한국고유식물지. 운초서사.
- 정영호. 1990. 정영호식물학논선 제4집 서울대식물표본목록. 운초서사.
- 정태현. 1956~1957. 한국식물도감 상 · 하. 신지사.
- 최홍근. 1986. 한국산 수생관속식물지. 서울대학교 박사학위 논문.
- 현진오. 1996. 꽃산행. 산악문화.
- 현진오. 1999. 아름다운 우리 꽃- 떨기 · 덩굴나무. 교학사.
- 현진오. 1999. 아름다운 우리 꽃- 가을. 교학사.
- 현진오. 2002. 한반도 보호 식물의 선정과 사례 연구. 순천향대학교

박사학위 논문.

- 현진오. 2004. 가을에 피는 우리꽃 336. 신구문화사.
- Anonymous. 2003. Flora of China(internet web site). http://flora.huh.harvard.edu/china.
- Brummitt, R.K. and C.E. Powell(ed.). 1992. Authors of Plant Names. Royal Botanic Gardens, Kew.
- A. Engler. 1964. Syllabus der Pflanzenfamilien II. Gebrüder Borntrāger, Berlin-Nikolassee.
- Ohwi J. 1984. Flora of Japan. Smithsonian Institution, Washington D.C.
- Satake Y., J. Ohwi, S. Kitamura, S. Watari and T. Tominari(ed.). 1982. Wild Flowers of Japan. Herbaceous plants. vol. 1-3. Heibonsha Ltd., Tokyo.
- Satake Y., H. Hara, S. Watari and T. Tominari(ed.). 1989. Wild Flowers of Japan. Woody plants. vol. 1-2. Heibonsha Ltd., Tokyo.

Kyo-Hak
Mini Guide 6

가을꽃 

초판 발행/2005. 3. 15

지은이/문순화 · 현진오
펴낸이/양철우
펴낸곳/(주)교학사

기획/유홍희
편집/황정순 · 김천순
교정/차진승 · 하유미
장정/오흥환
원색 분해 · 인쇄/본사 공무부

저자와의 협의에 의해 검인 생략함

등록/1962. 6. 26.(18-7)
주소/서울 마포구 공덕동 105-67
전화/편집부 · 312-6685 영업부 · 7075-151~7
팩스/편집부 · 365-1310 영업부 · 7075-160
대체/012245-31-0501320
홈페이지/http://www.kyohak.co.kr

Wild Flowers - Autumn
by Moon Soon Hwa · Hyun Jin Oh

Published by Kyo-Hak Publishing Co., Ltd., 2005
105-67, Gongdeok-dong, Mapo-gu, Seoul, Korea
Printed in Korea

ISBN 89-09-10586-0 96480